全国主推高效水产养殖技术丛书

全国水产技术推广总站　组编

鲇鱼高效养殖致富技术与实例

周　剑　主编

中国农业出版社

图书在版编目（CIP）数据

鲇鱼高效养殖致富技术与实例/周剑主编．—北京：中国农业出版社，2015.5（2017.5重印）
（全国主推高效水产养殖技术丛书）
ISBN 978-7-109-20336-5

Ⅰ.①鲇… Ⅱ.①周… Ⅲ.①鲇科—淡水养殖 Ⅳ.①S965.128

中国版本图书馆CIP数据核字（2015）第067745号

中国农业出版社出版
（北京市朝阳区麦子店街18号楼）
（邮政编码 100125）
责任编辑 郑 珂
文字编辑 张彦光

北京中兴印刷有限公司印刷 新华书店北京发行所发行
2016年5月第1版 2017年5月北京第2次印刷

开本：880mm×1230mm 1/32 印张：5.25 插页：4
字数：135千字
定价：28.00元

丛书编委会

本书编委会

主　编　周　剑　四川省农业科学院水产研究所

编　委　周　剑　四川省农业科学院水产研究所

陈　浩　四川省水产局

倪伟锋　全国水产技术推广总站

耿　毅　四川农业大学

李云兰　通威股份有限公司

唐　琪　绵阳市安州区水产站

魏　震　四川省水产局

杜　军　四川省农业科学院水产研究所

刘光迅　四川省农业科学院水产研究所

赵　刚　四川省农业科学院水产研究所

周　波　四川省农业科学院水产研究所

李　强　四川省农业科学院水产研究所

陈叶雨　四川省农业科学院水产研究所

张　露　四川省农业科学院水产研究所

丛书序

我国经济社会发展进入新的阶段，农业发展的内外环境正在发生深刻变化，加快建设现代农业的要求更为迫切。《中华人民共和国国民经济和社会发展第十三个五年规划纲要》指出，农业是全面建成小康社会和实现现代化的基础，必须加快转变农业发展方式。

渔业是我国现代农业的重要组成部分。近年来，渔业经济较快发展，渔民持续增收，为保障我国“粮食安全”、繁荣农村经济社会发展做出重要贡献。但受传统发展方式影响，我国渔业尤其是水产养殖业的发展也面临严峻挑战。因此，我们必须主动适应新常态，大力推进水产养殖业转变发展方式、调整养殖结构，注重科技创新，实现转型升级，走产出高效、产品安全、资源节约、环境友好的现代渔业发展道路。

科技创新对实现渔业发展转方式、调结构具有重要支撑作用。优秀渔业科技图书的出版可促进新技术、新成果的快速转化，为我国现代渔业建设提供智力支持。因此，为加快推进我国现代渔业建设进程，落实国家“科技兴渔”的大政方针，推广普及水产养殖先进技术成果，更好地服务于我国的水产事业，在农业部渔业渔政管理局的指导和支持下，全国水产技术推广总站、中国农业出版社等单位基于自身历史使命和社会责任，经过认真调研，组建了由院士领衔的高水平编委会，邀请全国水产技术推广系统的科技人员编写了这套《全国主推高效水产养殖技术丛书》。

这套丛书基本涵盖了当前国家水产养殖主导品种和主推

技术，着重介绍节水减排、集约高效、种养结合、立体生态等标准化健康养殖技术、模式。其中，淡水系列14册，海水系列8册，丛书具有以下四大特色：

技术先进，权威性强。丛书着重介绍国家主推的高效、先进水产养殖技术，并请院士专家对内容把关，确保内容科学权威。

图文并茂，实用性强。丛书作者均为一线科技推广人员，实践经验丰富，真正做到了“把书写在池塘里、大海上”，并辅以大量原创图片，确保图书通俗实用。

以案说法，适用面广。丛书在介绍共性知识的同时，精选了各养殖品种在全国各地的成功案例，可满足不同地区养殖人员的差异化需求。

产销兼顾，致富为本。丛书不但介绍了先进养殖技术，更重要的是总结了全国各地的营销经验，为养殖业者更好地实现科学养殖和经营致富提供了借鉴。

希望这套丛书的出版能为提高渔民科学文化素质，加快渔业科技成果向现实生产力的转变，改善渔民民生发挥积极作用；为加强渔业资源养护和生态环境保护起到促进作用；为进一步加快转变渔业发展方式，调整优化产业结构，推动渔业转型升级，促进经济社会发展做出应有贡献。

本套丛书可供全国水产养殖业者参考，也可作为国家精准扶贫职业教育培训和基层水产技术推广人员培训的教材。

谨此，对本套丛书的顺利出版表示衷心的祝贺！

农业部副部长 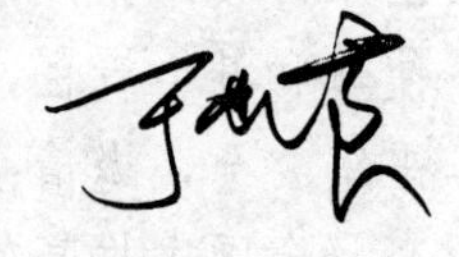

前言

改革开放以来，我国的渔业生产取得了突飞猛进的发展，成为世界第一养殖大国，是世界上唯一水产养殖产量超过捕捞产量的国家。但我国人口众多，人均水产品占有量和发达国家还有差距。发展渔业，特别是发展价高质优的水产品养殖，既是满足人民生活水平日益提高的需要，也是渔民增收致富的需要。

鲇类生长速度快、产量高，生态适应性广，养殖条件简单，适合多种方式养殖；其饵料资源广、容易获得，种源有保障，发展制约因素小。鲇类还具有肉质细嫩、味道鲜美、无肌间刺、市场需求广、特别适合水产品加工等特点，近年来已经成为我国主要的养殖鱼类之一。

本书着重介绍了7种在我国已有规模养殖的鲇类的生物学特性、繁殖技术、苗种培育技术、成鱼养殖技术、病害防治技术以及养殖致富实例和经营管理的成功模式。

本书第一章、第二章，第三章第一节和第二节，第四章部分内容，附录由周剑编写；第三章第三节、第四章部分内容、第五章由李云兰编写；第三章第四节由耿毅编写；倪伟锋、陈浩、唐琪、魏震编写部分养殖实例。全书由周剑、倪伟锋、陈浩完成统稿工作。

感谢陈叶雨为本书提供部分图片并参与校对工作，感谢杜军、刘光迅、赵刚、周波、李强提供部分资料并提出宝贵意见。

此书可作为水产大专院校师生、科研院所的教学、研究人员的参考书，也可作为养殖生产第一线的技术人员、生产者的培训教材。由于时间仓促，编者水平有限，错漏之处敬请广大读者批评指正。

编　者

2016年3月

目录

第一章　鲇类养殖概述

第一节　鲇类特色

鲇形目（Siluriformes）隶属于硬骨鱼纲（Teleostei）的骨鳔总目（Ostariophysi），包括31个科，2 000余种，是一类主要生活在淡水、广泛分布于全球的鱼类。

近年来，鲇类成为广泛养殖的对象，究其原因，主要有以下几点：①味道鲜美，市场需求广；②生长速度快，产量高；③生态适应性广，养殖条件简单；④饵料资源广，容易获得；⑤种源有保障，发展制约因素小；⑥适于集约化养殖，弥补了淡水资源不足所带来的限制。目前，全球主要养殖鲇类和国家见表1-1。

表1-1　全球主要养殖鲇类和国家

中文名	拉丁文名	主要养殖国家
欧洲六须鲇	*Silurus glanis*	德国、法国、波兰等
鲇	*Silurus asotus*	中国、朝鲜
革胡子鲇	*Clarias gariepinus*	尼日利亚、荷兰、匈牙利等
杂交鲇	*Clarias gariepinus* × *Clarias macrocephalus*	中国、泰国
胡子鲇	*Clarias fuscus*	中国、印度尼西亚、马来西亚、埃及、乌干达等
条斑鲇	*Pangasius hypophthalmus*	孟加拉国、泰国
湄公河鲇	*Pangasianodon gigas*	越南、印度尼西亚、柬埔寨等

第二节 养殖现状

一、养殖产业现状

据联合国粮食及农业组织（FAO）统计，21世纪初全球9种主要养殖鲇类产量约为52万吨（2000年），到2009年其总产量增长了5倍，达264万吨，其中湄公河鲇产量近120万吨，占全球鲇类产量的45%（表1-2）。养殖鲇类产量年均增长最快的种类依次是鲇、北非鲇、湄公河鲇、胡子鲇。我国、美国及越南是鲇类的3个主要养殖国家。

我国鲇形目鱼类共11科，28属，111种，分布最广的是鲇科，主要集中在华东和华南（褚新洛，1989）。本书主要就鲇科养殖种类进行介绍，目前我国已进行规模养殖的鲇科种类有南方鲇（*Silurus meridionalis*）、鲇（*Silurus asotus*）、革胡子鲇（*Clarias gariepinus*）、胡子鲇（*Clarias fuscus*）、怀头鲇（*Silurus soldatovi*）、欧洲六须鲇（*Silurus glanis*）、湄公河鲇（*Pangasianodon gigas*）、斑点叉尾□（*Ictalurus punctatus*）等。

表1-2 2005—2009年全球主要鲇类养殖产量

单位：吨

种类	年份				
	2005	2006	2007	2008	2009
欧洲六须鲇	1 221	1 204	1 640	1 480	1 427
鲇	249 120	267 811	322 853	321 071	329 972
革胡子鲇	28 549	46 331	47 781	83 919	85 593
杂交鲇	142 205	146 482	136 575	136 517	136 306
胡子鲇	120 799	140 130	170 824	237 639	341 974
条斑鲇	26 480	23 310	21 049	22 131	81 777
湄公河鲇	422 275	569 988	906 855	1 380 702	1 193 023
合计	990 649	1 195 256	1 607 577	2 183 459	2 170 072

二、养殖技术现状

经过近 30 年的推广，鲇类养殖已覆盖我国大部分地区。北至黑龙江，南到广东、广西等 20 多个省份均有养殖，其中湖南、湖北、江西、安徽、江苏、四川和广东已有大面积的养殖，主产区在四川、湖北、湖南、江西、安徽等中部省份。2012 年全国鲇类养殖总产量达到 59.7 万吨，其中四川省产量达到 12 万吨，居全国之首。

三、养殖方式

鲇类以池塘养殖为主，此外，还有网箱养殖、流水养殖等其他养殖方式。苗种放养则有单养、混养。经过近 30 年的推广，鲇类的大规模苗种生产和养殖技术已经日趋成熟，普遍投喂配合饲料。

四、加工情况

2003 年以前，我国鲇类基本上是鲜活鱼消费。从 2003 年开始，由于我国鲇类开始向国外出售，所以也开始进行简单的粗加工，主要产品有冻鱼片和鱼肚，深加工产品尚不多见。

第三节 美国鲇类发展的概况及我国的机遇

目前养殖鲇类最具规模的是美国，主要养殖品种为斑点叉尾鮰（沟鲇），其养殖技术最发达，养殖水平最高。2000 年，其养殖产量已达到 26.9 万吨，市场消费的各种斑点叉尾鮰加工产品总计超过 13.5 万吨，年人均消费超过 0.49 千克。加工厂获得的总收入将近 7.08 亿美元。自 1986 年以来，美国人均斑点叉尾鮰消费量翻了一番，继金枪鱼、三文鱼、鳕之后排名第四位，并且市场份额还在递增。

鲇类的品质和口味适合亚洲、北美洲和欧洲的市场要求，拥有广泛的国际市场，2003 年越南的鲇类产品被美国定为倾销，随着税率的提高，其产品已失去竞争力，初步估计美国出现至少 2 亿～3 亿美元的市场空缺，我国的鲇类养殖、加工生产成本较低，出口潜力大，鱼片出口面临着极好的国际市场机遇（在美国本土生产加工 0.45 千克鱼片的总成本为 65 美分，而我国生产 0.45 千克的加工成本约为 35 美分）。2013 年下半年，国内已经有1 000多吨的鲇类鱼片出口美国。随着鲇类养殖技术的不断成熟、养殖规模的不断扩大，鲇类的出口将呈现迅速增长的态势。我国鲇类养殖业的发展也迎来了绝佳的发展机会。

第四节　我国鲇类产业存在的主要问题

由于鲇类养殖在苗种、养殖技术、加工等方面还存在一些不足，在很大程度上限制了该产业的发展。

一、种质退化严重，病害日趋严重

放养优良苗种是提高鲇类品质和产量的重要途径之一，但目前国内鲇类种质资源库尚未建立，近年来在某些地区由于亲本群体数量小，更新周期长，近亲繁殖多，导致其优良性状退化，出现生长缓慢，抗病力差等现象，高密度集约化养殖时易发生大规模病害和死亡。严重制约了鲇类的品质、产量和养殖效益。

二、养殖技术相对落伍

我国鲇类养殖规模还较小，2010 年总产量仅为 49 万吨，约占全球的 1/5。鲇类的高效养殖技术普及与饲料精准投喂技术推广率不高，养殖技术也有待进一步提高。饲料成本一般占养殖成本的 60%～70%，投喂冰鲜鱼和传统的粉料及硬颗粒饲料养殖成本高，水质污染严重，病害发生频繁，产品质量安全难以保障，直接影响饲料系数、生产成本、养殖效益与养殖水环境质量。

三、加工技术有待进一步提高，产业化程度不够

鲇类肉质细嫩，味道鲜美，无肌间刺，是符合水产品精深加工供应国内超市和出口欧美市场的优良品种，有必要大力发展加工产品。但目前由于鲇类加工产业面临产品研发能力不足，加工技术和设备落后，全产业链生产过程的食品安全和品牌意识淡薄等问题，加之国人不喜吃冰鲜鱼制品等，我国鲇类加工产品目前产量很小。因此，实现鲇类的产业化，将带动相应的加工、出口贸易，间接效益巨大，也可增加就业机会，社会效益显著。

第五节　养殖前景

近些年来，我国鲇类产业经历了国内市场支撑产业发育到加工出口引导产业发展的两个阶段，目前又进入了一个需要更大市场作为产业支撑的新阶段。斑点叉尾鮰出口国际市场是产业发展的主要动力之一，出口国际市场由于其市场成熟，需求量大，能够批量订购，贸易规范而便于融资和资金流转，加上政府鼓励出口的退税等机制的实施，加工企业把产品出口作为了首选途径。相比国际市场，国内市场则以鲜活鱼销售为主，市场范围有局限，风险较大；市场和产品标准不够成熟，订购批量小；货款结算困难，销售中间环节多、市场拓展成本高；开发适销国内的产品投入大；加上争取政府的相关政策扶持难，加工和养殖企业都不愿加大投入培育国内市场。

我国是世界人口大国，对水产品有着巨大的潜在市场消费能力。随着我国经济持续发展和人们生活水平不断提高以及人们生活习惯和消费理念的改变，市场对加工水产品和符合“安全、营养、健康、方便”理念的水产食品需求量会越来越大。我国具有适宜鲇类养殖的气候条件和丰富的水面资源；加上其养殖性能优良、肉质鲜美，有良好的加工性，与国内很多养殖种类相比具有发展成规模产业的养殖优势和加工优势，所以我国鲇类产业前景还是非常乐观的，今后可开展如下主要工作。

一、积极开展对鲇类良种的选育工作，建立良种繁育体系

鲇类高密度集约化养殖时易发生大规模病害和死亡。其根本原因是亲本群体数量小，更新周期长，近亲繁殖（近交）。因此，需要建立各种鲇鱼种类的原种场所，加强良种选育工作，建立完善的鲇类良鱼种繁育体系，为市场提供更多优质良种，提高苗种质量。

二、提高养殖技术，增强环保意识

我国水产养殖有着悠久的历史，但目前的很多水产养殖方式还属于家庭式的生产方式，传统的养殖模式还大量存在，养殖技术还比较落后，水产品质量参差不齐，饲料系数相对较高。同时，养殖过程中部分养殖户的环保意识不强，养殖废水任意排放，抗生素和化学药物在一定程度上还存在着滥用、乱用的现象。因此，必须拓展低成本鲇类养殖模式、调整养殖方式，扩大池塘健康养殖规模。

我国生产的鲇类价格较低，很大程度上是以牺牲环境资源为代价的，是未考虑环境污染这一巨大成本的。水域资源的渔业开发利用是有限度的，鲇类产业只能适度规模发展，不能以牺牲水域环境为代价。

三、大力开发国内鲇类的加工产品

国内的鲇形目种类均可作为加工对象，对具有较好养殖性能和加工性能的种类加大其加工产品开发力度，丰富加工水产品种类，开发适合国人需求的鲇类加工产品。

四、扩大国内鲜活鲇类的市场销售范围

目前国内鲜活鲇类销售市场集中在西南和西北，以重庆、成都、贵阳、兰州等地区为主。扩大销售市场，包括从西南主要市场向市、县市场的延伸和扩大市场销售范围到陕西、河南等地区，提高市场需求量，稳定和促进产业发展。

第二章　常见鲇类养殖品种的生物学特性

第一节　鲇

鲇又名土鲇，是鲇科分布最广的鱼类（彩图 1），俄罗斯东部、整个亚洲东部都有分布。在我国广布于东部各水系。

一、形态特征

鲇体粗大，延长，尾部侧扁。头宽扁，吻宽而圆钝。眼小，上侧位，为皮膜所覆盖。前后鼻孔相距远，无鼻须，具口须 2 对，口大，上、下颌具犁骨绒状齿带，下颌突破性出于上颌，犁齿带分为 2 团。鳃孔宽大，鳃盖膜与颊部相连。背鳍 4，短小，无硬棘。无脂鳍。臀鳍基部很长，后端与尾鳍相连。腹鳍位于背鳍的后下方。胸鳍具棘，棘前缘具明显锯齿。体高为尾柄高的 3 倍以上。

二、生活习性

鲇主要生活在江河、湖泊、水库、坑塘的中、下层，多在沿岸地带生活，白天多隐于草丛、石块下或深水底，尤喜生活于水流较缓的环境，但也能适应流水环境。一般夜晚觅食活动频繁。秋后居于深水或污泥中越冬，摄食程度也减弱。

三、生长速度

在我国，鲇主要分布于长江、珠江、黄河、黑龙江等水系，其中以黑龙江水系的生长较为缓慢。在长江等水系中，鲇生长速度均较快，1 龄体长约 20 厘米，2 龄体长为 42 厘米左右，4 龄可达 90

厘米以上。常见个体一般重0.5～1.0千克。

四、食性

鲇为底栖肉食性鱼类，喜欢于夜间觅食。这与鲇视觉不发达的性状相吻合。鲇捕食的对象多为小型鱼类，如餐、麦穗鱼、鲫等，也吃虾类和水生昆虫。具体捕食对象依所处水域的生物资源、季节变化而有所不同。鲇以吞食为主，牙齿的作用主要是防止食物逃脱。野生鲇体长在9～10厘米时，肠中几乎全部为鱼类。鲇可捕食体长为自身体长10%～20%的其他鱼类。

五、繁殖习性

鲇为中下层鱼类，喜生活在微流水的环境中，2龄即可达性成熟。成熟亲鱼在5—7月开始分批产卵，所产的卵为黏性较差绿色卵，卵粒较大。在繁殖季节，雌雄亲鱼的区分方法为：雌鱼胸鳍第一硬棘后缘比较光滑，腹部膨大具有弹性，外生殖突较短并粗大，生殖孔充血红肿；雄鱼胸鳍第一硬棘后缘有粗壮的锯齿，用手摸有割手的感觉，腹部较窄，外生殖突较细长，生殖孔充血不明显。

第二节 南方鲇

南方鲇原名大口鲇，又称河鲇（彩图2）。主要分布于我国长江、瓯江、闽江、灵江以及珠江等大的江河中。南方鲇的分布区域小于鲇，但个体较大，是一种以鱼为食物的大型经济鱼类。

一、形态特征

南方鲇的体色随环境与食物的不同而有变化，通常背部及体侧多为灰褐色、黄褐色、黄绿色或灰褐色、黄褐色、黄绿色或灰黑色小点，但无云状花纹。各鳍灰黑色。成鱼有须2对，幼鱼有须3对，上颌须较长，下颌须较短。体表光滑无鳞。

二、生活习性

南方鲇属温水性鱼类，生存适宜温度为0～38℃。在池塘养殖条件下，生长适宜温度是12～31℃，最佳生长水温是25～28℃，低于18℃和高于30℃时生长缓慢。水温降至8℃左右并不完全停食，而升到32℃时则完全停食。对水中溶解氧的要求略高于“四大家鱼”。当水中溶氧量在5毫克/升以上时，生长速度最快、饲料转化率最高；在3毫克/升以上时，生长正常；低于2毫克/升时则可能出现浮头现象；低于1毫克/升时将导致泛池死亡。对水体pH的适应范围较广，pH为6.0～9.0的水域都能生存，最适pH范围为7.0～8.4。

南方鲇系底层鱼，白天多集群潜伏于池底弱光处隐蔽，到了夜晚才分散到整个水域中活动觅食。在人工饲养条件下，不会像鲤那样浮到水面上来抢食，只能凭借食台上方翻滚的波纹和水花，判断鱼群正在抢食。南方鲇性温顺，不善跳跃，不会钻泥，容易捕捞。

三、食性

南方鲇属凶猛的肉食性鱼类，主要捕食麦穗鱼、泥鳅、鰕虎鱼、黄颡鱼、鲤、鲫等野杂鱼和“四大家鱼”苗种，也掠食水面的昆虫等，能吞下相当于自身长度1/3的其他鱼类（艾庆辉和谢小军，2002）。在池养条件下，除了摄食各种小杂鱼、病弱家鱼苗种外，也吃动物尸体、禽畜内脏等，经驯化转食后还能很好地摄食人工配合颗粒饲料。在缺乏食物时，同类相互蚕食现象比较严重，在刚孵出4～5天的鱼苗中，就能发现成对互咬不放的个体。到鱼种阶段，能吞下相当于自身体长2/3的同类，鱼种池时常有吞咽不下而双双死去的尸体。南方鲇仔鱼的开口饵料是浮游动物中的枝角类和桡足类，体长达2厘米的幼鱼就能吞食摇蚊幼虫、水蚯蚓以及1～2日龄的蝇蛆和“四大家鱼”的水花鱼苗；全长达5厘米时便能很好地摄食4日龄的蝇蛆、切碎的陆生蚯蚓、绞碎的鱼肉以及添加了诱食剂的人工配合饲料。

四、生长速度

在天然水域里，南方鲇的生长速度很快，1 龄鱼全长可达 33.3～46.8 厘米、体重 0.39～0.51 千克；2 龄鱼全长 47.3～61.2 厘米，体重 1.18～1.53 千克；3 龄鱼全长 61.8～73.9 厘米，体重 2.27～2.90 千克；4 龄鱼全长 74.5～81.9 厘米，体重 3.68～4.41 千克。南方鲇在 5 龄以前，雌鱼无论是体长还是体重均比雄鱼长得快，尤其是 1～3 龄的时候，差别非常显著。从 5 龄开始，雄鱼体重的增加才超过雌鱼。在人工养殖条件下，由于食物丰富，其长势比江河天然水域要快得多，当年 4 月繁殖的鱼苗饲养到年底，体长可达 40 厘米、体重 0.6～0.8 千克；第二年能长到 65 厘米长、2.25 千克重（混养时有的达到 4 千克）；第三年能达 75 厘米长、4 千克重；第四年达 90 厘米长、6 千克重。南方鲇几乎一年四季都能生长，但以夏、秋季节的长势最猛，日增重 3～5 克；冬季生长缓慢，日增重 0.01～0.50 克；就群体的生长情况而言，1～3 龄为生长阶段，生长速度快；4 龄开始为成熟阶段，生长变慢，但龄组间变化幅度小（胡梦红 等，2007）。

五、繁殖习性

南方鲇一般要 4 龄才达性成熟。3—5 月为繁殖期。6—7 月或 8—9 月的夏繁或秋繁均能获得成功。

成熟雌鱼的最小体长为 80 厘米，其绝对怀卵量为43 133粒。全长 117 厘米的雌鱼，怀卵量108 500粒。5～10 龄雌鱼的相对怀卵量是每千克鱼9 200～17 300粒。成熟卵呈油黄色，晶莹剔透，扁球形，遇水即产生黏性，但不如鲤的卵黏性强。

第三节　革胡子鲇

革胡子鲇又称埃及塘虱（彩图 3），原产于非洲的尼罗河流域。于 1981 年引入我国广东省，在 10 余年的时间内遍布我国各地，人工繁殖技术已获得成功。革胡子鲇具有生长速度快、产量高、食性杂、个体大、耐低氧、抗病力强、要求水质条件低、生产周期短等优点，是值得大力推广养殖品种（汪留全和程云生，1990）。

一、形态特征

革胡子鲇身体前半部分呈圆筒状或椭圆筒状，后半部分略侧扁，体表光滑无鳞，体侧有不规则的灰白色斑点和黑色斑点，胸腹部灰白色。头部扁平而坚硬，枕骨较宽，吻宽而钝，口稍下位，横裂。眼小，前侧位。触须发达有4对，鳃耙数多达52～90对，上、下颌及犁骨上密生绒毛状牙齿，形成牙带。背鳍很长，占体长的2/3以上，尾鳍呈圆扇形，两胸鳍各有1根发达的硬刺。

二、生活习性

革胡子鲇生活于淡水水域中，常栖于河川、湖泊、池塘的黑暗处和洞穴中，并具有形似树枝状的鳃上辅助呼吸器官，在干燥季节，营穴居生活，可数月不死。革胡子鲇属于热带鱼类，耐寒力差。在水温为12～32℃内能生存，最适生长温度为20～30℃。当水中溶氧量低至0.128毫克/升（一般鱼类要求水中溶氧量限度为0.7～1.0毫克/升）和pH 4.8的酸性环境中（一般要求水体pH为5.6以上）时仍能正常生存。

三、食性

革胡子鲇属杂食性鱼类，对各种动物性饲料和植物性饲料都能适应。在自然水域中以各种水生昆虫及禽畜尸体、内脏为主食。在人工养殖条件下，可投喂花生饼、豆饼、豆粕、麸皮及各种配合饲料；也可投畜禽的血、内脏、蚯蚓等动物性饲料。革胡子鲇食量大，群体发育迅速，水温适宜，水中溶氧量高，摄食旺盛，反之摄食减少。

四、生长速度

革胡子鲇每年生长期有4～6个月，在这期间3厘米的小苗可生长到150～1 000克，最大个体可达2千克以上，每667米^{2}产量可达5 000千克。对于上年越冬鱼种，普遍可长到1千克，最大个体可达4千克。

五、繁殖习性

4—9月是革胡子鲇的繁殖季节，少数亲鱼产卵期可延至10月底结束，其性成熟年龄为1冬龄。当水温达到18℃以上时，成熟亲鱼只要受到水流刺激，便可产卵，其产卵量可达2万粒以上；第一次产卵后的亲鱼，经30天左右培育，性腺再度发育成熟，继而进行第二次繁殖。一般亲鱼每年可繁殖3～4次。

革胡子鲇卵孵化的水温为18～32℃，在最适水温为28～30℃时，21小时即可出苗，刚孵出仔鱼，全身长3毫米左右，腹部带有1个椭圆形卵黄囊，经过2～4天，卵黄囊吸收完毕，便开始摄食。

第四节　怀头鲇

怀头鲇也称黑龙江六须鲇、怀头和怀子（彩图4），主要分布于黑龙江、松花江、嫩江、乌苏里江等水域。

一、形态特征

怀头鲇体形与普通鲇相似，身体前部较宽，后部侧扁，腹部膨大，微圆。背部多为浅黄色，身体两侧有不规划的暗色斑块，腹部白色。体表光滑无鳞，头扁平且宽，眼睛小，口较大，上、下颌均有锐利的小齿。有3对须，上颌须1对，并且较长；下颌须2对，较短，容易断掉。

二、生活习性

怀头鲇属于底层鱼类，白天潜伏在水底或聚集在避光的地方栖息，夜晚出来活动、吃食。但在人工饲养条件下，怀头鲇白天也吃食。适宜生长水温为 20～28℃，冬季多潜伏在水底，也少量摄食。

三、食性

怀头鲇属于肉食性鱼类，摄食量较大。在自然水域，食物以鱼类为主，有水生昆虫、水蚯蚓、蝌蚪、青蛙、泥鳅、鲤、鲫、细鳞鲴等。人工饲养条件下，也吃鸡肠、猪肺等畜禽加工下脚料，不喜欢吃植物性饲料。

四、生长速度

怀头鲇 1～3 龄生长最快，当年繁殖的鱼苗年底可养到 750～1 500克，翌年可养到2 000～4 000克。

五、繁殖习性

怀头鲇性成熟年龄为 3～4 龄（刘景香，2011）。产卵季节为每年的 6—7 月，主要集中在 6 月下旬至 7 月上旬。产卵水温为 18～26℃。卵圆球形，浅绿色，具有黏性。生殖季节雌鱼体色较浅，胸鳍较细，生殖孔较大，呈红色，腹部柔软膨大，卵巢轮廓较为明显。雄鱼体色较深，胸鳍较粗，生殖孔尖而扁平。

第五节　斑点叉尾鮰

斑点叉尾鮰（彩图 5）又名美国鮰鱼、沟鲇、钳鱼，属鲇形目、鮰科，原产于北美洲，现今主要分布于我国辽河、淮河、长江、闽江及珠江等水域。

一、形态特征

斑点叉尾鮰体型较长，前部较宽，后部稍细长，口亚端位，有深灰色触须 4 对，其中鼻须 1 对，颌须 1 对，颐须 2 对，长短各异，以颌须最长。背鳍、胸鳍均具有硬棘，背鳍后方具一脂鳍，尾叉形。体表光滑无鳞片，黏液丰富，背部淡灰色，腹部白色，身体两侧有斑点，各鳍颜色为深灰色，成鱼的斑点会逐渐变得不明显或消失。

二、生活习性

斑点叉尾鮰是一种温水性淡水鱼，一般生活于江河的底层，觅食时也在水体的中、下层活动；冬季多在干流深水处多砾石的夹缝中越冬。适宜温度范围 0～38℃，生长摄食温度 5～36℃，最适生长温度 18～34℃，最佳摄食温度 18～30℃。当水温超过 39℃时会出现呼吸变慢、行动呆滞等不良反应；溶氧量 3 毫克/升以上能正常生长，低于 0.5 毫克/升会出现死亡现象；pH 适应范围 6.5～9.0。

三、食性

斑点叉尾鮰行动敏捷，体色较深，有密而细的口腔齿和咽喉齿，属有胃，属肉食性鱼类，主要食物为小型鱼类和水生昆虫。斑点叉尾鮰主动适应环境的能力强，其食性较易转变，经长期的人工驯养，偏爱粗蛋白质含量较高的人工配合饲料，开展人工饲养效果很好。

四、生长速度

生长速度较快，为同类鱼中体型最大的一种，最大个体可达 15 千克，常见者多为 2～4 千克。当年繁殖的鱼苗年底可长至 100～150 克，翌年可养至 500 克的上市规格，3 龄鱼的体重达 1 千克。

五、繁殖习性

自然条件下，斑点叉尾鮰的性成熟年龄为1～3龄；人工养殖条件下，雄鱼可在13月龄排精。产卵期为12月至翌年1月，产卵时水温20℃左右。

第六节　湄公河鲇

湄公河鲇，又名巴沙鱼（彩图6），原产于越南湄公河三角洲和泰国湄南河流域，是国际市场重要的食用鱼。

一、形态特征

体长，侧扁。头尖，平扁，头后斜向隆起。顶骨板裸露、粗糙。枕突长，几达背鳍。口宽，横裂，近端位。须4对，上颌须最长，后伸超过胸鳍中部。鳃膜不连鳃颊。背鳍、胸鳍刺长，前后缘具弱齿；脂鳍短。

二、生活习性

湄公河鲇喜群集，常活动于上、中水层，生长的适宜温度为20～30℃，耐低氧，对水质要求不高（魏于生 等，1996）。

三、食性

由于喂养配合饲料，其肠道的长度比较长，为体长的1.50～2.24倍。该鱼的食性为杂食性，同时也吃一些小鱼、小虾和螺蚌类的食物。在人工饲养条件下，可投喂人工配合饲料，喂食时能游至水面吃食。

四、生长速度

生长速度快，当年繁殖的鱼苗年底可长至800～1 000克，翌年可养至1 500～2 000克的上市规格，3龄鱼的体重达3千克，最大个体可达 20 千克。

五、繁殖习性

在自然条件下，湄公河鲇大多是溯河上游自然产卵。在人工饲养条件下难以达到性成熟，特别是雌性鱼其卵巢成熟系数都很低，饲养 4～5 年的亲鱼在产卵季节成熟系数还不到 5%，而体内的油脂肪块则占体重的 8%左右，影响了该鱼的人工繁殖。而雄性鱼一般 4 龄即可成熟，并可挤出精液。雌鱼需 5 年以上才能成熟，卵属黏性卵，体外受精。在自然条件下湄公河鲇属 1 年 1 次产卵类型，卵径 1.2～1.5 毫米，每克卵约15 000粒。

第七节　欧洲六须鲇

欧洲六须鲇是多瑙河流域重要的经济鱼类之一（彩图 7）。该鱼肉质细嫩，味道鲜美，无肌间刺，蛋白质含量高，肉味可与南方鲇媲美，在欧洲被称为“无可挑剔的食用鱼”。从 1990 年开始，由中国、德国、匈牙利 3 国专家合作，把欧洲六须鲇从欧洲引入我国进行驯养，现已取得了较为可观的经济效益。

一、形态特征

体色灰褐，身体细长，前部较高、宽大，后部较低、侧扁；头部扁平而长，眼圆形而小；口裂较深，有 3 对须；体表光滑无鳞，胸鳍圆，有较短硬刺；背鳍小，丛状；臀鳍长，直达尾部。

二、生活习性

欧洲六须鲇喜在弱光环境下活动摄食，在强光环境下则沿池壁成纵列游动。在夜晚分散游动摄食，凭借嗅觉器官摄取食物，当发现有外界侵扰时，则迅速躲入隐蔽处。正常生活温度为 0～36℃。12～34℃时活动正常，摄食旺盛并集群；8℃以下时摄食较少，不集群；4℃以下时停止摄食；0℃时呼吸微弱，伏底不动；36.5℃时呼吸减弱，不集群；37.5℃时群体分散，开始死亡；达 38℃时全部死亡。

三、食性

鱼苗能摄取大型浮游动物、水蚯蚓等。成鱼阶段摄取水蚯蚓、螺蚌、小虾，也食部分水生植物和腐殖残屑。在人工养殖条件下，欧洲六须鲇能摄食各种螺蚌、小虾、饼类、有机碎屑、动物下脚料等。人工配制的含蛋白质 30%～39%的饲料能满足欧洲六须鲇的营养需要（王佳喜 等，1993）。

四、生长速度

欧洲六须鲇在欧洲温带阔叶林气候下，第一年体长为 20～30 厘米，体重 80～140 克；第二年体长 40～65 厘米，体重 500～1 200克；第三年体长 70～80 厘米，体重2 000～3 000克。

第三章　鲇类主推养殖技术和高效养殖模式

第一节　主推养殖技术

一、鲇

（一）人工繁殖

1. 亲鱼的选择

繁殖用亲鱼来源于池塘养殖或从天然水域收集的1龄以上的成体，雄性个体体重在0.25千克以上，雌性个体在0.4千克以上，雌、雄比为2∶1。选择体质健壮无损伤的亲鱼催产，雌鱼要求腹部松软有弹性。

2. 雌、雄鱼的鉴别

雌鱼腹部较膨大，生殖孔盾圆不大，胸鳍第一根硬棘内缘锯齿不明显，用手摸无割手之感；雄鱼泄殖孔较光滑且狭长，胸鳍第一根硬棘内缘有8～10个坚硬的锯齿，用手摸很割手。

3. 催产

催产季节一般在5月上旬至6月上旬，水温以20～28℃为宜。催产前先将孵化池和鱼巢（棕片）清理消毒，鱼巢架好。催产药物采用人绒毛膜促性腺激素（HCG）和促黄体素释放激素类似物（$LRH\text{-}A_2$）混合使用，采用一次注射的方法，使用剂量为雌性注射HCG 5 000国际单位＋$LRH\text{-}A_2$ 5微克/千克，雄性个体剂量减半。注射用水可用0.8%的生理盐水。注射部位采用胸腔注射或腹腔注射均可。催情的亲鱼放在2.5米^{2}的水泥池中，便于观察和操作。其效应时间的长短与水温和亲鱼的成熟状况密切相关，在水温20～28℃的情况下，一般为12～18小时。

4. 人工授精

注射后仔细观察催情亲鱼的活动状况，待有互相追逐等发情的表现，及时检查。刚到效应时间的雌鱼，用手轻压腹部，卵粒流畅，呈草绿色，富有弹性且透明；雄鱼因其精巢呈分支状较难挤出精液，可剖腹取精巢（图 3-1）。人工授精的方法与“四大家鱼”相似，先将雄鱼精巢取出，置于 0.8%的生理盐水中剪碎，卵挤于洁净干燥的瓷盆中，迅速将精卵混合，同时加入少许生理盐水并用羽毛搅拌，混匀，再均匀地撒在水槽中的棕片上，受精率可达 85%以上（图 3-1）。

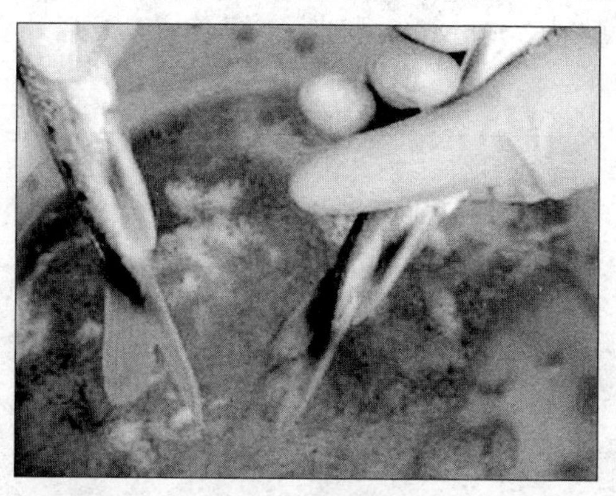

图 3-1　人工授精

5. 孵化

将附着有受精卵的棕片置于水槽中或孵化环道中微流水孵化，水深保持 50 厘米，鱼巢浸入水中，孵化过程中保证水质清新，溶解氧充足，孵化率可达 80%以上。受精卵的脱膜时间与水温关系密切，在适宜的温度范围内，温度越高，脱膜越快。水温20～24℃，孵化时间为 48～54 小时；25～27℃，孵化历时 34 小时；28℃时，孵化 28 小时即可脱膜。鱼苗全部出膜后应及时将鱼巢捞出（彩图 8）。

（二）鱼苗培育

1. 饵料的准备

从鲇鱼苗孵出后的当天开始，在鱼苗开口的前一天孵化丰年虫，用作鱼苗的开口饵料。

刚孵出的小苗，体色透明，在池底游动，靠浅绿色的卵黄囊为营养，孵出后的第四天，卵黄囊近于吸收完毕，鱼苗已能平游并开始摄食。鱼苗在水泥池中进行培育（图 3-2），饲养密度为1 500尾/米^2。鱼苗开口时，在投喂蛋黄（投饵量为每次每万尾鱼苗 1 个蛋黄）的同时加喂丰年虫（每尾约 20 个）或刚出膜的泥鳅与团头鲂小苗（每尾鲇鱼苗 3～5 尾），每天投喂 2～3 次。鱼苗饲养 5 天后，停喂蛋黄，将大小不同的鱼苗分池放养，同时将养殖密度调整为500～800尾/米^2，饲养 20 天后，鱼苗可长至3～5厘米。

图 3-2　鱼苗培育及驯食的水泥池

2. 日常管理

每天在喂食前将池中的残饵和鱼苗的排泄物吸出，并加注新水，管好水质，保证溶解氧和适口饵料的充足，减少鱼病。定期调整同一饲养池内的鱼苗规格，及时按大小分开，避免相互残杀。鲇的小苗较易发生鱼病，主要有细菌感染及寄生虫。用药要注意鱼苗对药物的敏感性强，用药量要准确，用药的过程中要仔细观察，及时转出小苗。

（三）成鱼养殖

1. 单养

鱼池面积 66.7～333.5 米^2，水深 0.9～1.5 米，水源充足，鱼池设有注排水门，调节水质方便（图 3-3）。鱼种规格 50～100 克/尾，放养密度为 5 尾/米^2，放苗时间为 6 月底至 7 月初。日投饵 3 次，上午、下午、晚间各 1 次。日投饵量：5—6 月占体重 5%，7—8 月占体重的 6%，9—10 月占体重的 10%。日常管理：严防鱼池缺氧浮头死亡。隔 7～10 天注加新水 1 次。鱼入池前用生石灰对池塘消毒，鱼入池时需药物浸洗，鱼入池后用漂白粉 1 克/米^3 泼洒灭菌，每个月 3 次。定时、定质、定量、定点投喂。定期检查鱼的生长度和肥满度，分析制订下一阶段强化措施。

图 3-3　池塘单养

2. 混养

为充分利用水体中的天然饵料，最好采取鲇与鲢、鳙混养，混养比例：鲢规格 25～30 克/尾，放养密度为 8 尾/米^2，鳙规格 30～40 克/尾，放养密度为 2 尾/米^2，鲇规格 50～100 克/尾，放养密度为 5 尾/米^2。日投饵 3 次，上午、下午及晚间各 1 次，投饵量占体重的5%～10%，至翌年秋，鲇的体重为200～400克，日常管理同鱼种阶段，在颗粒饲料中加入鱼体总重量1%的三黄粉，防止肠胃病效果较好。

二、南方鲇

（一）亲鱼的培育

培育成批优质亲鱼是人工繁殖成败的关键，应选用水源充足、排灌方便、环境安静的鱼池做亲鱼培育池。鱼池面积一般每口100～300米^2、水深1.5～2.0米，每口池能放养5～15组亲鱼。要求池底平坦、无淤泥。放养密度主要依水源状况来定，通常每10～20米^{2}水面可放养1组亲鱼。

培育亲鱼的饲料有活饵料和配合饲料两类。活饵料包括泥鳅、小杂鱼、蚯蚓和鲢、鳙的鱼种等，也可适当搭配些盐鱼干、畜禽内脏等动物性饲料。配合饲料要求粗蛋白质含量达40%左右，同时添加适量对性腺发育有促进作用的物质。定期冲水。临产前1个月要加大冲水量，增加流水刺激。每年10月，应对亲鱼进行一次彻底检查。如果发现某些亲鱼过肥，应注意少投饲多冲水，促使营养物质转化为性腺；如果发现亲鱼太瘦，则应强化培育，少冲水，使其多怀卵。

亲鱼的选择：生产中通常靠“看、比、摸”的方法，凭经验选择。成熟良好的雌鱼，腹部膨大、松软，腹面朝上可见有明显的卵巢轮廓，腹中线深，手摸有弹性感觉。生殖突圆而短，生殖孔扩张，呈红色。胸鳍椭圆形，其硬刺外缘光滑、内侧只有几颗强大的锯齿；成熟良好的雄鱼，腹部明显地比雌鱼小，生殖乳突尖而长，其长度可在0.5厘米以上。生殖孔闭锁，末端呈红色。轻压腹部可能有精液外流。胸鳍较尖，其硬刺外缘粗糙，内侧有一排强大的锯齿。

配组：实施人工授精时，雌、雄鱼多以2∶1或5∶3配组；进行自然受精，雌鱼应少于雄鱼，常按2∶3或3∶5配组。

（二）催产与受精

1. 催产池

人工授精用的催产池一般以直径1.0～1.5米、水深0.6～0.8米的圆形水泥离心池为好，也可临时把蓄养池分隔成1.5～2.0米^{2}的小池做催产用。每池都只能放1尾亲鱼；自然产卵受精的催产池，可用水泥底的小鱼池或“四大家鱼”圆形产卵池。面积为200～300米^{2}的鱼池，一批可催产15～25组亲鱼。

2. 催产剂

成熟鲤、鲫、鲇的脑垂体（PG）、绒毛膜促性腺激素（CG）和促黄体素释放激素类似物（$LRH\text{-}A_2$）这3种药物都有效，单独使用或配合使用均可。具体的剂量将根据亲鱼的性腺发育状况凭经验掌握。

3. 注射

注射部位有胸鳍基部或背部肌肉两处，两针注射或一针注射都能获得较满意的催产效果。如果分两次注射，第一次的剂量为全量的1/4～1/5，相隔10～20小时后注射余量。效应时间与亲鱼发育状况、水温、注射次数、催产剂种类及水流条件等有关。在其他条件基本相同时，与水温的关系十分密切。通常，水温20～23℃时，一次注射效应时间一般为12～16小时；两次注射效应时间一般为9～11小时。

4. 受精

受精方法有人工授精和自然受精两种。人工授精必须掌握好效应时间、适时捕出亲鱼，人工采卵、人工授精。

（三）孵化

胚胎发育的速度与水温的关系十分密切。比较适宜的孵化水温是17～28℃，最适水温是24～25℃。孵化缸、孵化环道和小网箱都可孵化。孵化用水要求洁净、无污染，溶氧量保持在5毫克/升左右，pH在7～8。孵化方式有自然孵化、脱黏孵化和不脱黏孵化等几种，可根据生产规模、条件、技术熟练程度等灵活选择。

（四）鱼苗培育

苗种（彩图 9）培育与以“肥水、大池”为特征的常规鱼类培育方法显著不同。通过实验和实际生产探索总结南方鲇苗种培育及生产管理方法，对提高苗种培育生产的技术水平和经济效益，具有重要的意义和积极的作用。

苗种培育可采取小面积鱼池和小体积网箱两种方法进行。

1. 鱼苗培育池

分精养池与粗养池两种。精养池最好用面积为 25～100 米^2、水深 0.8～1.2 米的长方形水泥池或泥底石壁池。精养池的放苗密度为1 000～1 500尾/米^2，粗养池为 50～100 尾/米^2。鱼苗的开口饵料可以是熟蛋黄浆，也可以是经筛选的小型枝角类和桡足类，饵料不足时会出现互相蚕食的现象（彩图 10）。以后随鱼苗个体长大，就可以投喂桡足类、水蚯蚓、蝇蛆及各种“四大家鱼”小苗，也可用豆浆、奶粉、猪血、绞碎的鱼肉糜甚至人工配合饲料作为培育鱼苗的饲料。

2. 鱼苗的放养

适宜的放苗密度是精养池1 000～1 500尾/米^2，而粗养池为50～100尾。如果鱼苗供应得早、水源好、水温较高、饲料充足、鱼池条件好、又有一定的培育经验，则水花的放养密度还可适当加大。因此，具体的放苗密度应根据鱼苗供应时间、水源、饲料、饲养管理水平等情况灵活掌握。

放苗的注意事项：一是在水花鱼苗的卵黄囊基本消失、鱼体呈灰黑色、能正常水平游动时及时下塘，太老或太嫩的水花对生长和成活率都有影响；二是对某一个鱼苗池来说，只能放养同一批孵化出膜的鱼苗，千万不要把不同日龄的鱼苗同池混放；三是放苗前务必测量水温、pH 和氨氮含量，或放试水鱼检验池水是否安全可靠，并且一定要注意平衡鱼苗袋与池水的温差。一般的要求是水温温差不超过 2℃、pH 为 7.0～8.4、氨氮含量低于 0.06 毫克/升。

3. 饲料及其投喂

开口饵料常用熟蛋黄浆，紧接着投喂小型浮游动物，如枝角类与桡足类，以后随鱼体的成长主要投喂水蚯蚓、摇蚊幼虫、蝇蛆及各种小鱼苗等活饵料，也可用豆浆、奶粉、猪肉、干蚕蛹粉、绞碎的鱼肉糜甚至人工配合饲料作为培育鱼苗的饲料。

精养池放养鱼苗后，须立即投喂饲料，生产上通常是按每1万尾鱼苗1～2个熟蛋黄的量投喂，同时加喂经40目[①]筛绢布滤出的小型水生动物。2～3天后停喂蛋黄浆，水生动物也无须过筛。当鱼苗长到1.5厘米以上时，就可加喂水蚯蚓或2日龄的小蝇蛆。实践证明，用水生动物和水蚯蚓作为培养鱼苗的饲料其效果比较理想，它具有其他饲料难以取胜的优点，即鱼苗的生长速度快、规格整齐一致、出池率高、不坏水质、不易患病等。精养池培育鱼苗的另一种方法是用熟蛋黄浆做开口饵料喂养1～2天后，就喂豆浆、奶粉、鲜猪血、蚕蛹粉、鱼糜和人工配合饲料。此法的优点是饲料易解决，供应有保障；但缺点是培育出来的苗种规格悬殊，出池率也较低。粗养池培育鱼苗用的是肥水下塘法，因此可以通过适时追肥培肥水质，并结合适当补饲等措施来达到培育目的。

4. 饲养管理

南方鲇畏光，在精养池上面要设置遮盖物。遮盖深水端2～5米^{2}即可。粗养池池水有一定的肥度，可以不加盖，分期注水对苗期培育是十分必要的，初期水深40厘米；当鱼苗达2厘米长时，水位加深到60厘米左右；鱼苗接近3厘米长时，水位可加深到80～100厘米。要频频巡池，注意池水的变化等情况。适时拉网锻炼与筛选分池饲养是必不可少的工作（图3-4）。此外，还要高度注意鱼病的预防等。

---

① 筛网有多种形式、多种材料和多种形状的网眼。网目是正方形网眼筛网规格的度量，一般是每2.54厘米中有多少个网眼，名称有目（英国）、号（美国）等，且各国标准也不一，为非法定计量单位。孔径大小与网材有关，不同材料的筛网，相同目数网眼孔径大小有差别。——编者注

图 3-4　鲇鱼筛选分池

（五）鱼种培育

1. 鱼种池

较理想的鱼种培育池是面积为 133.4～1 334米^2、水深 1.0～1.5 米、底部平坦的水泥池或泥底池，大池培育的效果较差。其他要求同鱼苗池。

2. 寸片鱼种的放养

精养池的放种密度可为 150～200 尾/米^2，当池内约有半数个体达到 5 厘米长时就要彻底清池过筛，把鱼分为大、小两级放养，此时的放养密度为 25～40 尾/米^2（如进网箱饲养，则为 300～500 尾/米^2）；当池内约有半数个体长到 8 厘米时，第二次清池过筛，又分大、小两级放养，只能为 15～20 尾/米^2（网箱则可为 200～300 尾/米^2）；待鱼种长到 10 厘米的长度规格时，即可放入各类水体开始成鱼饲养。粗养池由于面积较大、饲料没有保证，一般又难以做到彻底清池过筛和分级词养。所以寸片鱼种的放养密度不能太大，以每 667 米^2 放养5 000～10 000尾为宜。

南方鲇鱼种从 3～10 厘米一般需饲养 30 天左右，这期间刚好是苗种间互相蚕食严重的时期，因此，尽量减少这阶段同类间的相互蚕食是苗种培育成败的关键。经验有3条：①水色既不能太浓，也不能太淡，清澈见底的培育池自相残杀现象最为严重；②喂足南方鲇鱼种喜食的饲料，让其吃饱吃好；③适时清池过筛、分级分池饲养。采取这几条措施后，能大幅度提高大规格鱼种的出池率。

3. 饲料及投喂

当鲇苗只有3～5厘米长时，其最好的饲料是水蚯蚓，也可用鱼肉糜、蝇蛆、动物内脏糜甚至人工饲料。达到5厘米的规格后，开始用转食饲料进行食性转化，使之能喜食人工配合颗粒饲料，这对规模化、集约化养殖是必不可少的工作。转食饲料是添加了诱食剂的配合饲料，其基础成分是鱼粉、酵母粉、饼粕、小麦粉等，诱食剂有鱼肉浆、动物肝脏糜和某些化工产品。在转食驯化过程中，可逐日减少诱食剂的添加量，直到完全不加诱食剂为止。整个转食过程需7～12天完成，转食期间日投饲3～4次，日投饲量为估测鱼体重的15%～20%。当查实确有70%以上的个体已摄食转食饲料时，就可改喂不加诱食剂的南方鲇鱼种配合饲料，日投饲量也应降为鱼体重的7%～10%，且只投喂2次即可。鱼种配合饲料（图3-5）的营养指标是：粗蛋白质42%～48%，粗脂肪8%～10%，糖25%～30%，粗纤维6%～8%。

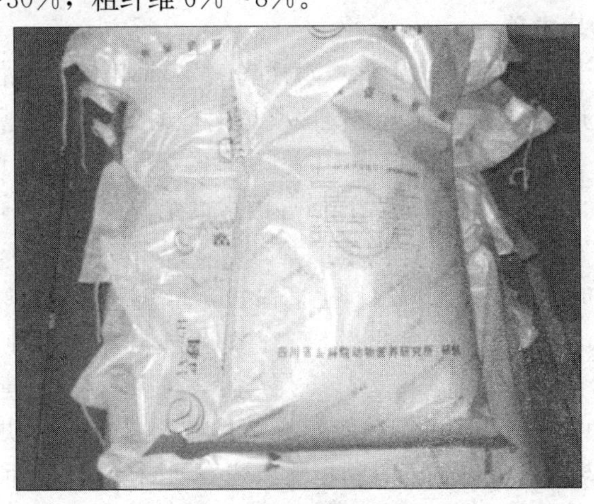

图3-5 南方鲇驯食饲料

4. 饲养管理

“定时、定位、定质、定量”的“四定”投饲法同样适用于南方鲇，但南方鲇有夜间觅食的特点，所以下午的投饲量可适当偏大些、且把投喂时间移到17：00—18：00甚至傍晚时分；如果水温超过28℃时，天气晴好正常，投饲时间也应改在日落前后；若天气闷热或可能下暴雨时，则应不投饲或少投饲；在低温期内，可把投饲时间改在13：00—14：00，也就是当日的高温时刻进行，这样虽不一定能增肉，但至少能够保膘。由于南方鲇有1个能膨大的胃，1次能容纳较多的食物，故饱食1次后可维持较长时间的营养供给，日投饲2次即可。设置食台既便于检查南方鲇的摄食情况，最大限度地避免浪费饲料，也易于保持食场的清洁卫生和防治疾病，应从驯化转食时就开始培养其上台摄食的习惯：早晚巡池、定期注换水，每天洗晒食台、定期泼洒生石灰水和预防疾病等日常工作，必须持之以恒（彩图11）。

（六）成鱼饲养

在池塘、网箱和流水池里饲养南方鲇都能获得高产。目前饲养面积最大、产量最集中的，还数池塘养殖和网箱养殖两类。

1. 池塘主养

成鲇池应有充足的水源，水质符合《渔业水质标准》（GB 11607）的要求，进、排水方便，或是配备增氧机的鱼池。面积不限，水深1.5～2.0米的鱼塘为佳。鱼种的放养量应根据鱼塘条件、饲养技术、饲料保障和消费习惯等因素而定。实践证明，按1～2尾/米^{2}的密度放养8～12厘米的鱼种时，经140～150天饲养，当年就能养成平均尾重500克以上商品鱼，每667米^{2}池塘产商品鱼450千克、养殖成活率在85%以上；如果所放养的鱼种规格只有4～5厘米，即使放养密度为3～5尾/米^2，每667米^{2}池塘产量也只有300千克左右，且当年只能养成250克/尾左右的大规格鱼种；如果鱼种规格相同、饲养时间相同，按1尾/米^{2}放养鱼种，每667米^{2}产量虽略低些，但出池鱼的个体却要大些，平均尾重可达550

克，每 667 米^2 产量 400 千克左右；鱼种放养密度为 2 尾/米^2 时，每 667 米^2 产量最高，可达 500 千克，但个体的平均重量降为 400 克左右；鱼种放养密度为 3 尾/米^2 时，每 667 米^2 产量仍能达 400 千克左右；但个体较小，平均尾重为 300 克以上。因此，从节省鱼种费用计，建议每 667 米^2 放 8～12 厘米的鱼种 800～1 000尾。在主养鲇的鱼池里，可以配养一定数量的大规格鲢、鳙鱼种，但切忌混鲤、鲫、草鱼等吃食性鱼类。通常每 667 米^2 池塘可放尾重 150～250 克的鲢、鳙鱼种100～120 尾，年底便可收获尾重 1 千克的鲢、鳙成鱼 100～120 千克。饲养管理方法同网箱养殖，也可参考其他鱼类的成鱼养殖方法。

2. 池塘配养

在小型野杂鱼较多的“四大家鱼”成鱼池、亲鱼池、大堰塘、小水库里，可把南方鲇作为配养对象。通常可投放 12 厘米以上规格的鱼种 20～50 尾。当年就能收获尾重 0.5～1.5 千克、每 667 米^2 产量 10～25 千克的南方鲇，每 667 米^2 增收 300～500 元。“四大家鱼”池配养了南方鲇非但不会影响主养鱼的产量，相反，南方鲇能吞食野杂鱼和病弱苗种，起到减少鱼病暴发和抑制鱼病流行，促进增长增收。因此，在养鱼池塘中配养南方鲇的前景十分广阔。

3. 网箱养殖

(1) 网箱设置 网箱的购置主要根据苗种的放养规格来决定。放养 4～5 厘米长的鱼种，最好备齐一、二级鱼种培育箱和成鱼饲养箱 3 种不同网目的网箱，其网目尺寸分别为 0.6～0.8 厘米、1.0～1.5 厘米和 2.5～3.5 厘米。箱架和箱体、通道等的设置可参照养鲤网箱因地制宜完成。注意，放置网箱的水域应相对开阔、向阳，有一定风浪或有缓流通过，水深 5 米以上，透明度 1 米左右，全年 22℃以上的水温有 3～5 个月。

(2) 饲养 当年繁殖的鱼苗最好经池塘培育到 4～5 厘米的规格后进入一级鱼种箱饲养，放养密度为 400～600 尾/米^2。饲养 15～20 天后，清箱过筛，筛出的大、小鱼种分箱饲养，把达到 8

厘米以上长度的大鱼种按 300～400 尾/米^{2}的密度另箱饲养，当筛出的鱼种规格达到 16.5 厘米左右时，转入二级鱼种箱饲养，放养密度为 200～250 尾/米^2。当其尾重达到 25 克左右时，转入成鱼箱饲养，这时的放种密度为 120～150 尾/米^2。若放养的是尾重 0.4 千克左右的隔年鱼种，那么放养密度只能为 30～50 尾/米^2。在上述鱼种放养密度的情况下，1 只 25 米^2 的成鱼网箱，通常能产南方鲇1 500～2 500千克。网箱养鲇的投饲技术既相似于网箱养鲤，但又有明显的不同之处。据观察，南方鲇在网箱里的摄食规律是：个体较小的在水体中层取食，个体较大的则在底层取食；个体小的爱吃活、腥、软质饲料，大些的个体才愿吞食干、硬颗粒饲料；南方鲇多在箱周和四个箱角栖息活动，几乎没有浮上水面来抢食的习性。因此，网箱内必须设置食台，投喂时把饲料撒在食台上方水面，在饲料颗粒下沉的过程中被它们吞食。生产中确定投饲量，一是根据日投饲率计算出每天的饲料用量；二是检查残饵有无或多少；三是仔细观察投饲时（白天）食台下鱼群阴影的变化情况，通常在开始投饲时，鱼群密集抢食，阴影大，箱内水浪翻滚，摄食高潮过后，鱼群阴影逐渐变小或消失，水面趋于平静，此时投喂就该结束。通常，鱼种在 5 月进箱，饲养到 10 月底收获，饲养期 150 天以上，养殖成活率可达 70%，饲料系数 2.0～2.5，每平方米网箱可产商品南方鲇 65～100 千克。经济效益良好。

三、革胡子鲇

（一）亲鱼培育

在每年的 10 月上旬，当外界水温降至 20℃左右时。选择体表无伤、体格健壮、体重在 1～3 千克的革胡子鲇作为亲鱼，入池越冬。越冬池面积 20～30 米^2。雌雄比例为 1∶（1.0～1.2）。每平方米放养 15～20 组，越冬期水温保持在 23～25℃。日投饲量占鱼体重的 3%～5%。饲料以颗粒饲料或小干鱼为好。

（二）催产及孵化

1. 繁殖前的准备

采用25米^{2}水泥池作为产卵及孵化池。催产前先加水至30～40厘米深。水温加至26～27℃。鱼巢用2%的食盐溶液浸泡、晾干。准备好催产用具、催情药物、担架等。

2. 人工繁殖

（1）催产剂的配制 通常采用人绒毛膜促性腺激素（HCG）和促黄体素释放激素类似物（$LRH-A_2$）等。单用HCG，雌鱼每千克用3 000～4 000国际单位（覃栋明，2005）。$LRH-A_2$和HCG混用时$LRH-A_2$ 10微克/千克，HCG 3 000～3 500国际单位/千克，雄鱼减半。注射用水可用生理盐水，也可用蒸馏水。催产液配制总量可按每千克亲鱼1毫升计算。

（2）注射 采用一次性注射。革胡子鲇从注射催产剂到产卵在水温25～30℃时，需10～12小时。为了便于早展取卵和捕出产后亲鱼，一般在16：00—17：00注射催产剂，注射鱼体部位以背部肌肉为好。落针处在背鳍前端1～2厘米两侧肌肉肥厚处，进针角度30°～45°，深1～2厘米。进针浅或注射过快易起包，药液也易渗出造成剂量不准，出现半产或不产。亲鱼注射催产剂后按1～2组/米^{2}放入产卵池中。

（3）放鱼巢 在催产剂注射后2小时放入鱼巢。鱼巢在池中排成竹筏形。用砖将鱼巢压入水中靠近池底。鱼巢放入后产卵池周围要保持安静。

3. 孵化

采用静水充气孵化，水深保持30～40厘米。孵化过程中保持水质清新，溶解氧充足。水温保持在26～27℃时需20～22小时基本上出膜。当鱼苗全部出膜后及时捞出鱼巢，以免腐败污染水质。捞巢时要把鱼巢在水中轻轻摆动几下，洗掉尚未离巢的鱼苗。“洗巢”后还需及时地用稀捞网将池中的卵膜捞出，以免败坏水质。这样就可以在原池中培育了，避免了捞苗、转池等工作，也减少鱼苗的损失。

（三）早苗培育

每年在3月底4月初进行第一批早繁生产。水温保持在24～25℃的条件下。经过20～25天的培育可达5～8厘米的规格。在4月下旬以后，外界水体出现大量活饵——红虫，只需15天左右可培育成3～4厘米的鱼种。在早苗培育中主要做好以下几个方面工作。

1. 合理密放

为了避免革胡子鲇鱼苗孵出后分池的困难，且早期密度过大生长慢，易产生大小分化，影响成活率，所以在培育池中进行孵化。具体做法是：鱼卵的受精率、孵化率按80%，成活率按60%～70%，每平方米培育成4 000～5 000尾鱼种计算。计算出每池大约放卵量，再将附卵鱼巢移入池中孵化。鱼苗出膜后将鱼巢取出，清除余下卵膜后就在原池中进行培育。

2. 科学投饵

在水温保持24～25℃条件下，小苗出膜后50小时左右，大部分鱼苗卵黄已吸收完时，开始投饵。每天投喂6次，每25米^{2}投蛋黄2个，微囊对虾饵料20克。第二天蛋黄增加到4个。蛋黄需用40～60目的筛绢过滤。4～5天后对虾饵料增加到100克以上。以后则根据池中鱼苗的多少适当增减。待鱼苗长至2厘米左右，可以逐渐改投鱼粉、蚕蛹粉、豆粉等混合饲料，日投饲量占鱼苗总重的10%左右。当外界水体能大量捞取红虫时，小苗经3～4天培育即能全部改喂鲜活红虫。

革胡子鲇鱼苗活动范围小，投饵不均极易产生大小分化。2厘米以下的鱼苗，投饵采用喷雾器全池喷洒。革胡子鲇小苗多集中在池边及四角，夜间阴影处鱼苗较多。投饵时，鱼苗多处要适当多投。这样培育出来的鱼苗规格整齐、健壮。

3. 管好水质，保证溶氧量

在水质管理上，做到看与闻相结合。看，主要是看鱼的活动情况，看水色。鱼苗如果出现反应迟钝，摄食减少，聚集浮头等现象时要及时加换新水。水色发白或变暗时要及时换水。闻到水的气味发腥或发臭时要及时加换新水。平时每天保证换水量在1/3以上。在保证良好水质的同时利用小型鼓风机增氧，保证水体中有充足的溶解氧。

（四）池塘养殖

1. 池塘单养

池塘面积一般以600～2 000米^2 为宜，水深1.0～1.5米。

鱼种放养：养的鱼种规格要求一致，一般每平方米放10厘米左右的鱼种5～10尾。投放大规格鱼种可提高成活率和增加产量。下塘鱼种规格应不小于5厘米。

2. 池塘混养

革胡子鲇可与鲢、鳙、鲤、草鱼、罗非鱼等鱼类混养，但不能与肉食性鱼类混养。

（1）以革胡子鲇为主，搭养其他鱼　一般每平方米放养5～6厘米的革胡子鲇鱼种3～6尾，每2～3米^2 搭养1尾“四大家鱼”鱼种。

（2）以其他鱼为主，革胡子鲇为辅　可以在饲养“四大家鱼”的成鱼池中，每2～3米^2 搭养1尾体长6～8厘米的革胡子鲇，利用水中小杂鱼和水生昆虫作为其饲料，不需增加投饲。

3. 网箱养殖

（1）鱼种放养　放入网箱的鱼种要求规格整齐、体质健壮，规格以50克/尾以上为好，放养密度为10～20厘米的鱼种150～200尾/米^2，养殖网箱见彩图12。

（2）投饲　网箱养殖革胡子鲇以投喂颗粒配合饲料（图3-6）为主，配合饲料粗蛋白质含量应在

图3-6　革胡子鲇颗粒配合饲料

30%以上，另外辅助投喂一些动物性饲料，如投喂一些野杂鱼。每天投喂3～5次，日投饲量为鱼体重的3%～8%。

四、怀头鲇

（一）鱼苗培育

1. 池塘条件及准备

选择面积为667～3 335米²、池深1.5米以上，池内无杂草，池底平坦，不渗漏的池塘作为鱼苗培育池。鱼苗入池前10天采用干法清塘消毒，每667米²用生石灰75～100千克或漂白粉5～10千克。消毒2天后，注水0.6～0.8米深，鱼苗入池前5～7天，每667米²施腐熟发酵的鸡粪500千克，培育轮虫、枝角类等浮游动物。施粪肥时，还要拌入生石灰。为加快鸡粪发酵速度，可将鸡粪集堆，用塑料布封严。

2. 鱼苗放养

每667米²放养怀头鲇鱼苗3万～5万尾。选择晴朗无风或微风天气放苗，鱼苗入池前，先放入网箱（用筛绢制成）或困箱暂养。网箱采用铁筋作为框架。先将装苗的尼龙袋或其他容器放鱼池水面上，待袋内或其他容器的水温与池水水温一致时，将鱼苗放入网箱或捆箱内。捞水蚤投喂，暂养2～3小时后，将鱼苗放入池中，沿池边全池多点放苗。放苗前，在池塘岸边浅水处，布置遮阳物体，如水草、草帘、棕榈皮等，为鱼苗提供隐蔽物，鱼苗在隐蔽物下面栖息。刚运来的鱼苗，抵抗力弱，且规格不一，若直接放入大塘饲养，则因鱼苗活动范围大，体力消耗多，而且所投入的饵料一时很难吃到，造成白白浪费，还会污染水质。但如实行两级放苗，即先集中在小塘内精养，然后放入大塘饲养。这样既便于管理，又可使鱼苗更好地适应新的环境，并在小塘内容易得到充足的食物，促使其快速生长。当小塘内培育的鱼苗达到10～15厘米，便可从塘内筛选个头大的鱼种放入大塘饲养，个头小的鱼种仍留在小塘内进行强化培育，使鱼种生长平衡，规格一致。这就避免在养殖过程中大鱼吃小鱼的现象，从而有效地提高鱼苗的成活率和单位产量。

3. 饲养管理

鱼苗入池前3天，可以池内培育的浮游动物为食，不用投喂饲料。如果池塘培育的浮游动物量少，可以从其他池塘捞水蚤投喂。第四天可投喂水蚯蚓、鱼糜，全池泼洒即可，投喂量为每667米^2 5～10千克，根据鱼苗吃食情况，灵活掌握投喂量，合理投喂。鲇类属杂食性鱼类，性贪食，因此要正确掌握投饲量，做到塘内有多少鱼投多少料，防止盲目投饲。同时，要实行分点投喂，撒饵均匀，少量多餐，投足喂饱，防止饥饱不均，而出现两极分化现象。同时，在鱼苗培育初期，应以动物性饲料为主，进行强化培育，随着鱼体生长，逐步转投一些植物性饲料，做到动物性、植物性饲料相结合。日投饲量应控制在鱼体总重量的5%～8%，每隔1周或半个月须调整1次投饲量，使投饲量更趋合理。

4. 鱼苗出池

经过7～10天的培育，鱼苗全长达到3～5厘米时，应及时分池，进入下一阶段的饲养。

5. 鱼病防治

鱼苗培育阶段易患斜管虫病，治疗方法有两种：一是全池泼洒硫酸铜与硫酸亚铁的合剂，每立方米水体用硫酸铜0.5克、硫酸亚铁0.2克；二是全池泼洒福尔马林，每立方米水体用福尔马林100毫升。

（二）成鱼养殖

1. 大、中水面增殖

在湖泊、水库中，通常麦穗鱼、鳌等小型低值野杂鱼类资源十分丰富，这些小型低值野杂鱼是怀头鲇很好的饲料。通过放养怀头鲇，可使湖泊、水库中的小型低值野杂鱼类转化为高价值的怀头鲇，提高养殖效益。6月下旬至7月初，每667米^{2}水面放养规格3～5厘米的怀头鲇夏花5～10尾，当年秋季每667米^{2}可产尾重1

千克以上的怀头鲇 4～7 千克。通过放养怀头鲇，每 667 米^2 水面可增收 50～100 元。大、中水面放养怀头鲇要特别慎重，最好经过水产专业人员的充分论证，以免盲目投放危害主要养殖鱼类或经济价值高的鱼类，得不偿失。

2. 池塘套养

池塘套养怀头鲇应选择小型野杂鱼丰富的成鱼池或亲鱼池套养，不要在鱼种池内套养，否则怀头鲇会摄食鱼种，造成损失。6 月下旬至 7 月初，每 667 米^2 放养体长 3～5 厘米的怀头鲇 10～20 尾，至秋季可产尾重750～1 500克的怀头鲇 10 千克左右。

3. 池塘主养

(1) 池塘条件 池塘面积几百平方米到数万平方米均可，池底平坦并且不漏水。鱼种入池前 1 周，采用干法清塘消毒，每 667 米^2 用生石灰 75～100 千克或漂白粉 5～10 千克。每 667 米^2 施粪肥 100～200 千克。

(2) 鱼种放养 放养当年夏花、1 龄鱼种均可。放养当年夏花：5 月初，每 667 米^2 放养尾重 100～200 克的鲢、鳙春片鱼种 80～100 尾，鲢、鳙比例为（2～3）：1。6 月下旬至 7 月初，每 667 米^2 放养体长 3～5 厘米的怀头鲇鱼种 150～500 尾。放养的怀头鲇鱼种要求规格整齐，以免相互残杀。至秋季出池，怀头鲇尾重可达750～1 500克。怀头鲇成活率一般在 60%左右。放养 1 龄鱼种。

(3) 搭配放养 规格 1.0～1.5 千克的鲢、鳙鱼种 30～40 尾。至秋季出池，怀头鲇每 667 米^2 产量可达到 75～100 千克，平均规格可达 4 千克左右。怀头鲇成活率一般可达到 80%～90%。

(4) 水质调节 饲养期间，勤补水，保持水深 1.5 米左右。7—8 月，每隔 15～20 天泼洒 1 次生石灰水，每次每 667 米^2 水面用生石灰 20～25 千克。

(5) 鱼病防治 鱼种入池前，需进行鱼体消毒，可用 3%的食盐溶液浸洗鱼体，时间为 5～10 分钟。投喂的饲料要新鲜，不要投喂腐败变质的饲料。每隔 20 天投喂 1 次大蒜素药饵，每 100 千克饲料添加 50～100 克，也可投喂其他抗菌药饵。

(6) 实行轮捕分养　因怀头鲇凶猛贪食，在投喂时往往大鱼先抢食，而小鱼吃不到食物，造成鱼体大小差距越来越大，为此在捕捞怀头鲇前应进行一次轮捕分养（图 3-7），将大、小鱼分塘饲养，使生长达到平衡。这是提高产量的重要措施之一。

图 3-7　怀头鲇轮捕分养

五、斑点叉尾鮰

（一）人工繁殖

1. 亲鱼的选择

亲鱼的优劣是人工繁殖成败的关键，因此亲鱼的选择十分重要。亲鱼一般选择个体较大、体质健壮、身体完整无损的成鱼，年龄在 4～5 龄，体重在 1.5～3.5 千克，雌雄比为1∶1。

2. 亲鱼的培育

选择好的亲鱼，要放到专门的池塘进行培育。亲鱼培育池应临近水源、排灌方便、面积2 001～3 335米^2、水深 1.5～1.8 米，以东西方向的长方形为好。每 667 米^2 放养 60～80 尾（150～200 千克），雌雄放养比例为 1∶1。同时每 667 米^2 套养 10 厘米左右的鲢、鳙鱼种（100～200 尾），以调节水质。日常适当投喂一些动物性饲料，如禽畜内脏、新鲜的小杂鱼和虾类以及其他一些精料。注意换水，保持水质清新。

3. 雌、雄亲鱼鉴别

雄鱼生殖器官肥厚而凸起，似乳头状，生殖器末端的生殖孔较明显；雌鱼生殖器似椭圆形，生殖孔位于肛门与泌尿孔之间。雄鱼体形较瘦，头部宽而扁平，两侧有发达的肌肉，颜色较暗淡，呈灰黑色；雌鱼头部较小，呈淡灰色，体型较肥胖，腹部柔软而膨大。

4. 人工催产

常用催产药物为鲤脑垂体（PG）、人绒毛膜促性腺激素（HCG）和促黄体素释放激素类似物（$LRH\text{-}A_2$），其中 PG 的催产效果最好，HCG 和 $LRH\text{-}A_2$ 的效果稍差一些。使用剂量：PG 4.5～6.5 毫克/千克，HCG 1 200～1 800国际单位/千克，产卵效应时间比较稳定，第一次注射为全剂量的 30%～50%，相隔 12 小时进行第二次注射，雄鱼可一次注射。注射后的亲鱼放入专门的产卵池，产卵池应事先做好产卵巢，以利于亲鱼发情产卵。

5. 受精卵的收集、孵化

斑点叉尾鮰一般在催产 40～48 小时后即开始产卵，因其产出的卵集结成块，收集时顺着浮子轻轻将产卵巢提起，若有卵块，则放入装有产卵池水的桶内送至孵化池。

由于斑点叉尾鮰卵为沉性卵，因此必须用卵篓盛装后挂在孵化池中。

鱼卵每天用专用药物消毒，孵化用水要求清新无污染，溶氧量在 6 毫克/升以上，pH 7.2～8.0，水温保持在 23～28℃，一般经过 5～7 天，幼体即可孵化出。

（二）苗种培育

刚孵出的斑点叉尾鮰幼苗，全长约 0.6 厘米，全身为淡红色，卵黄囊较大，不能自由游泳而喜欢集群在水体的底部，此时的幼体不需摄取外界的食物，依靠自身的卵黄维持生活，一般孵出后3～4天，卵黄囊才吸收完毕，此时体色转为灰色，开始自由游动。为提高鱼苗成活率，鱼苗进入培育池前一般需要暂养。

1. 鱼苗暂养（培育）

鱼苗（彩图 13）出膜后集群在孵化器底部，可用虹吸管将鱼苗轻轻吸走，放入暂养池。暂养池以圆形较好，面积 1～2 米^2 为佳，水深 0.7～0.8 米，每平方米可暂养 2 万～3 万尾，开始 3～4 天只要不断流水保持充足的氧气即可，4～5 天后，鱼苗逐渐发育完善能自由游动时，开始投喂一些浮游动物和人工配合微型饲料，投喂方式以少量多次为宜。到 9～10 日龄，鱼苗全长达 2 厘米，此时转入鱼种培育阶段。

2. 苗种培育

斑点叉尾鮰的苗种培育池面积以 667～1 334米^2 亩为宜。鱼苗下池前10～15 天用生石灰、漂白粉、茶饼等对培育池进行消毒，然后用猪、牛、人粪将水质培肥。待水中出现大量浮游动物时，将体长 2 厘米左右、9～10 日龄的鱼苗放入肥水池中。

斑点叉尾鮰在 4.5 厘米以下时偏重摄食浮游动物，如轮虫、枝角类、桡足类、摇蚊幼虫及无节幼体。故可采用传统的肥水下塘方法进行苗种培育。4.5 厘米后开始转入人工饲料为主。10 厘米到成鱼阶段摄食人工饲料及个体较大的生物（如水生和陆生昆虫）、大型浮游动物、水蚯蚓、甲壳动物和有机碎屑等。刚下塘的鱼苗4～5天可不喂食，或少量投喂混合饲料。4.5 厘米以后可将粉状配合饲料用水搅拌成团球状投喂，苗种长到 6～7 厘米时投喂粒径为 1.5～2.0毫米的配合饲料。鱼种生长到 12 厘米左右时可使用直径为 3.5 毫米的颗粒饲料。

水温在 15～32℃时，每天上午、下午各投饲 1 次，投饲量为鱼体重的 3%～5%；水温在 13℃以下时，每天投喂 1 次，投喂量占鱼体重的 1%。根据斑点叉尾鮰有集群摄食的习性，投喂饲料时宜集中，将饲料直接投喂到鱼池中，投喂范围约占鱼池面积的

10%。苗种培育池定期加注新水，以防水质恶化。

苗种培育阶段常见的疾病有孢子虫病、水霉病等。对孢子虫病主要是预防，放鱼前每667米^{2}用生石灰150千克清塘，杀灭藏在泥土中的黏孢子虫。对水霉病的预防，可在放鱼苗时用3%的食盐溶液浸泡3～5分钟，效果极佳。

（三）成鱼池塘养殖

斑点叉尾鮰的成鱼养殖，是指将10厘米或10厘米以上的鱼种饲养成商品鱼的生产过程。

1. 池塘条件

池塘应选择在交通便利、水质条件好、无工业污染、水源方便的地方，周围没有高大树木房屋等。一般面积以2 001～4 002米^{2}为宜，池底平整，水深2米左右，池塘以东西方向的长方形（长、宽之比为3∶2）为好。在养殖前，要彻底清塘消毒，一般在投放鱼苗前15～20天，每667米^{2}用生石灰150千克进行全池泼洒，以减少病虫害的发生。

2. 鱼种放养

主养斑点叉尾鮰，一般规格在10～15厘米的鱼种，每667米^{2}投放800～1 000尾为宜，同时搭配适量的鲢、鳙250～300尾，鳊40～50尾以控制水质。一般在饲料充足的情况下，当年年底即可达到110千克/尾。

混养每667米^{2}投放斑点叉尾鮰鱼种350～400尾，搭配鲢、鳙150～200尾为宜，主要是控制水质，又可以增加单位面积产量。

3. 饲料投喂

斑点叉尾鮰属杂食性鱼类，在饲养成鱼阶段，既可以投喂全价的配合饲料，也可以投喂单一的糠、麸、鱼粉及各种饼粕。一般水温在5～38℃的情况下均可投喂，日投饲量占体重的1%～4%。每天投饲2次，即每天08：30和16：30各投喂1次，投喂范围一般占鱼池全面积的10%左右。

4. 水质调节

鱼种刚投放池塘内时，水深可控制在 1.0～1.5 米，一般每半个月加注新水 1 次，每次加注新水 10 厘米。在高温季节，要加强加水、换水以改善水质，增加溶氧量，以加快鱼体的生长速度；高温季节通常每 7～10 天注水 1 次，每次注水 15～20 厘米；同时每个月用 20～30 毫克/升的生石灰全池泼洒 1 次。

5. 鱼病防治

斑点叉尾鮰的鱼病防治是养殖过程中的一个重要环节，尤其在高密度养殖中更为重要，应切实做好防病治病工作。病害防治应坚持“无病先防、有病早治、防重于治”的原则。预防措施除了药物清塘、鱼种消毒等常规工作以外，应特别注意水质的改善，不投变质饲料，并定期进行药物预防。

养殖过程中常见的疾病主要有病毒性疾病、细菌性疾病、寄生虫疾病、营养性疾病等。对病毒性疾病，目前对该病尚无有效的药物治疗，故应从预防着手，注意放养密度，加强饲养管理；对细菌性疾病，一般采用内外结合治疗法，可使用 2 毫克/升的土霉素泼洒池水，同时选用甲氧嘧啶、金霉素等拌在饲料中投喂；对寄生虫病，可用 15～25 毫克/升福尔马林或 0.7 毫克/升硫酸铜与硫酸亚铁合剂（5：2）全池泼洒；对营养不良性疾病，则根据具体情况，添加不同的营养物质。

（四）成鱼网箱养殖

1. 网箱条件

网箱养殖斑点叉尾鮰的水域条件为：水质良好，水深 3 米以上，水体透明度 50 厘米以上，水的流速低于 5 米/分钟的河道，大、中型湖泊或水库的库汊处。常采用 4.0 米×4.0 米×2.5 米的封闭型小网箱，网目尺寸 2 厘米左右，网箱架用毛竹或木头制成。若投喂沉性颗粒料，则要制作 1 个口径 10 厘米的饲料管通到离箱底 30 厘米处，箱底用密网目缝合成食台；若投喂浮性饲料，则不必设置饲料管，但要在箱盖上制作 1 个浮性饲料框。多个网箱可用缆绳连接成一排，两头抛锚固定在所选定的水域中。网箱排列方向与水流垂直，箱间距要大于3米，行间距大于20米。新网箱必须在放养前7天下水布设完毕，以便箱体上附着一些丝状藻类等附着物，可避免擦伤鱼体。

2. 放养密度

网箱中鱼种的放养应在冬季或早春，每箱可放体长15厘米左右的鱼种6 000～7 000尾。

3. 管理

①每天巡箱检查，防止逃鱼；②勤洗箱，一般每周1次，确保箱内外水流通畅，水质清新；③坚持“四定”投饲原则，饲料要适口、新鲜，不投霉变的饲料，日投饲量控制在鱼体重的2%～3%；④做好“三防”工作，即防洪水、防破箱逃鱼、防鱼病等。

由于网箱养殖密度大，因此，更要注意采取预防为主的综合防病措施，除了在鱼种入箱时要小心操作，进行鱼种浸泡消毒外，在鱼病流行季节，还要定期在饲料中拌入抗生素等药物，同时可采取挂袋法消毒网箱周围的水体，以减少病原微生物感染鱼体的机会。

4. 鱼病预防

鱼苗、鱼种入塘前，要严格进行鱼体消毒，用2%～4%食盐溶液浸浴5分钟，或20毫克/升（20℃）高锰酸钾溶液浸浴20～30分钟。鱼苗、鱼种下塘半个月后，用1～2克/米^{3}漂白粉（有效氯含量为28%）泼洒水体1次，以杀灭水中的病原微生物。高温季节，为增强鱼体的免疫力，降低鱼的发病率和死亡率，可在每千克饲料中拌入5克大蒜头或0.47克大蒜素，同时加入适量食盐进行投喂，一般连续6天为1个疗程。巡塘时，发现死鱼应及时捞出，埋入土中。病鱼池中使用过的渔具要浸洗消毒，可用2%～4%的食盐溶液浸浴5分钟，或用20毫克/升（20℃）的高锰酸钾溶液浸浴20～30分钟。5—10月，每隔半个月用漂白粉加水溶化，泼洒在食场及其周围，连续泼洒3天。鱼体转运时温差不能超过3℃，以免鱼体产生应激反应，降低鱼体的抗病力。

六、湄公河鲇

（一）池塘条件

湄公河鲇属热带鱼类，对水温的要求很严，其适宜水温为22～32℃，最适水温为24～30℃，随着水温的下降生长愈缓慢，当水温降至16℃时，停止进食，水温在10℃以下时，则会冻伤乃至死亡。如果利用土池养殖湄公河鲇，因其环境理化因子接近自然环境，湄公河鲇生长速度可大大提高。所以，应当选择冷、热水水源充足、无污染、水质肥瘦适中、排灌方便的土池作为养殖池，面积1 300～2 000米^2，水深在2米以上，水质要求微碱性，透明度在35厘米以上。

（二）苗种放养

1. 清塘消毒

放养前，每667米^{2}水面、水深20厘米，用生石灰100千克化浆后全池泼洒，约7天后将池水灌至60厘米以上，准备放鱼。

2. 肥水下塘

苗种下塘前每667米^{2}施腐熟的有机肥150千克，同时每667米^{2}投豆浆3千克，当池塘水体中出现了大量的轮虫、枝角类、桡足类浮游动物后即可投放种苗，且将池水水位逐渐升高至1.5米左右，并适施有机肥。

3. 放养密度

放养密度直接影响湄公河鲇的生长速度和出池规格，应根据鱼种规格、饲料质量、饲料来源、池塘生态条件、管理水平以及市场情况等确定放养量，若池塘水源充足，一般每667米^{2}可放养3.3厘米苗种5 000尾，同时每667米^{2}套养鳙50～80尾。

4. 放养要求

尽管湄公河鲇对水中的溶解氧要求不高，但也须讲求种苗放养的方法与技巧。首先，引种要求纯正，规格整齐，无病无伤，体质健壮。其次，湄公河鲇宜单养，若要混养，宜与滤食性、草食性鱼类混养，不可与杂食性鱼类混养。最后，放苗时要进行鱼体消毒，可用3%的食盐溶液浸浴3～5分钟，或用高锰酸钾溶液浸浴15～20分钟（王文彬和黄际朝，2010）。同时，注意调温下塘，低温期放苗易感染水霉病。

（三）饲养管理

日常管理应做到“四勤”：勤巡塘、勤观察、勤投喂、勤防病害。在具体的饲养管理中应做好以下几个方面的工作。

1. 饲料投喂

鱼种培育阶段，前期饲料应以动物性饲料为主，中、后期投放全价颗粒饲料，饲料中粗蛋白质的含量要达到35%～50%，各种营养物质要平衡，尤其动物性蛋白质的含量要充足。鱼苗入池24小时后开始喂食，每天2次，09：00—10：00、16：00—17：00各1次，投喂鱼糜与花生饼各50%，两者搅拌后按鱼体重的10%～15%投饵，也可采用幼苗配合饲料与丝蚯蚓结合，先投喂1个月，再投喂配合饲料。在成鱼养殖阶段，可投喂粗蛋白质含量在30%以上的全价颗粒饲料，日投饲率为5%，分早、中、晚3次投喂。由于湄公河鲇口径较小，所以应注意饲料颗粒大小的选择。在具体投喂过程中，每半个月应进行1次随机检查，并结合湄公河鲇生长及吃食情况调整饲料的投喂时间和方法。

2. 水质调节

随着鱼体的增长和投饲量的增加，鱼类排泄物及残饵沉积超过了水体的自净能力而引起水质恶化，此时要根据实际情况及时调节水质。一般每半个月换水1次，换水量不宜超过池水的1/3，且注意温差不宜超过2℃。由于湄公河鲇喜欢生活在平静的水体中，且惯于垂直上下活动，所以水体要适当深一些，且不宜频繁或大量换水。在湄公河鲇生长的池塘中，水面不宜有水生植物覆盖。由于湄公河鲇也可在咸淡水中生存，故它对水质要求微碱性，酸性水质易使它发生病害。所以应适时提高水中pH，可采用在池塘中撒生石灰或投放经发酵的畜禽粪便等方法予以调节。

3. 病害防治

水霉病、锚水蚤病、白点病、鳊病、车轮虫病是湄公河鲇的多发病。湄公河鲇病害应以预防为主，一旦病菌侵入，极难治愈。具体的预防方法有：一是保持池水温度在24～30℃；二是每半个月用生石灰或漂白粉全池泼洒；三是及时调节水质，经常清洗食台，清除残饵污物；四是坚持投喂新鲜饲料，定期在饲料中添加药物防病；五是创造良好环境，保持池壁光滑，池中无杂物，生产中谨慎操作，以免操作不当使鱼体诱发病害。在阴雨、闷热或骤冷天气应勤加看管，日夜巡塘，发现问题及时处理。在发生病害时，及时请专业技术人员诊断治疗。常用预防和治疗的药物有食盐、生石灰、高锰酸钾、水霉净及敌百虫等抗菌药物和杀虫药物。

七、欧洲六须鲇

（一）鱼种培育

1. 鱼种池

鱼苗下塘前的准备鱼种池面积不宜过大，以667～1 334米^{2}为宜，要求池深2米，水深1.0～1.5米。鱼苗下塘前10天，用生石灰彻底清塘，3天后注水，水深50～60厘米。同时在池塘四角堆放经过发酵的鸡粪或猪粪，每667米^{2}用量为200～250千克，以培育浮游动物，作为鱼苗下塘后的补充饵料（刘文君，2009）。

2. 鱼苗的购买和运输

购买时应选择体长达到3厘米左右的鱼苗，这样的鱼苗耐长途运输，下塘后成活率高。鱼苗的运输采取充氧方法：用双层塑料袋装水装鱼后充氧密封，然后装入相应规格的纸箱中打包空运。装袋的密度可根据水温和运输时间的长短来定。一般水温在25℃左右，运输时间不超过12小时的情况下，每袋可装运3厘米左右的鱼苗3 000尾。

3. 放养密度

鱼苗下塘时的操作池塘培育欧洲六须鲇鱼种，一般每667米^{2}放养规格为3厘米左右的鱼苗2 000尾。为了调节水质，充分发挥池塘生产力，应适当搭配一些鲢、鳙夏花，总量控制在每667米^{2}400～500尾，两种鱼的比例以（3～4）∶1为宜。鱼苗运到目的地以后，先不打开袋口，把鱼苗袋放入塘中，让其在水面上漂浮15～20分钟，目的是为了调节温度。当袋中水温与池塘水温基本一致后，解开袋口，连鱼带水缓缓倒入事先扎好的网箱中，然后用10毫克/升高锰酸钾进行15～20分钟药浴消毒后，解开网箱，让鱼苗自行游入池中。在整个放苗过程中要谨慎小心，严禁用手直接捞摸鱼苗。

4. 人工投饲

鱼苗下塘后，次日开始投喂切碎的水蚯蚓，日投饲量为鱼体总重的15%，每天分早、中、晚3次投喂。投喂时要在池边水面下35厘米处搭1个四周带框的竹制或木制食台，将饲料投入框内。如果水蚯蚓来源不足也可以投喂人工配合饲料。在鱼苗下塘后的第一个月内，饲料宜精不宜粗，可将鱼粉（80%）和小麦粉（20%）混合后投喂。具体方法是：先将小麦粉加水加温煮沸后调成稀糊状，然后再加入鱼粉，调成稠糊状后投喂。随着鱼苗的生长，可逐步掺入豆饼粉、麦麸、动物下脚料等。有条件的地方，最好能将上述各种原料按一定比例混合制成含粗蛋白质40%左右、粒径在1.5毫米以下的配合颗粒饲料投喂，效果更好。经过100～120天的饲养，到出塘时鱼种规格一般可达到80～100克，养殖成活率在90%以上。

5. 水质管理

欧洲六须鲇鱼种池的水质管理、鱼病预防及其他各项管理环节同青鱼、草鱼、鲢、鳙为主的鱼种池管理基本相同。

（二）成鱼养殖

成鱼养殖模式以欧洲六须鲇为主，并适当搭配鲢、鳙等，与鲤、团头鲂等其他鱼类的成鱼养殖主要模式相似。每667米^{2}放养欧洲六须鲇2 000尾、鲢300尾、鳙100尾、鲤50尾。其他诸如池塘要求、放养时间、鱼种下塘、水质管理及鱼病预防等均与草鱼、鲤、鲢、鳙的成鱼养殖相似，唯一区别较大的是饲料和投饲技术。

1. 饲料

欧洲六须鲇属于肉食性鱼类，营养要求较高。在人工养殖条件下，仅靠采集螺蚌、小虾、动物下脚料等远远不能满足需要，因此，必须配制营养全面、符合营养需求的饲料。其饲料配合原则是：蛋白质不低于40%，其中动物蛋白质不低于14%；粗脂肪8%～10%；碳水化合物不高于30%；粗纤维不高于8%。原料的来源可根据各地的情况自定，常用的有鱼粉、豆饼、麦麸、玉米、次粉等。成鱼颗粒饲料参考配方为：鱼粉35%、豆饼40%、麦麸12%、玉米8%、次粉5%。

2. 投饲技术

鱼种下塘后第二天就要开始投喂，投喂的第一阶段为驯化阶段。驯化投喂可在每天的09：00和15：00各进行1次，每次用2～3千克颗粒饲料，时间持续1小时左右，约7天后即可驯化成功。根据欧洲六须鲇的摄食特点，转入正常投喂后，每天要分早、中、晚投喂3次，其中傍晚的投喂量要大一些，可占全天投喂量的40%左右。在整个饲养过程中，日投饲量可按鱼体总重的5%～8%递增。也可根据天气、水温、水质和鱼的吃食情况掌握，能吃多少就喂多少，以80%的鱼吃饱游走为度。为了补充动物蛋白质，降低配合饲料消耗，提高养殖效益，可在每天晚上投完最后一次颗粒饲料后，间隔2～3小时，再在食台两边的近岸处适当堆放一些廉价的杂鱼虾、动物下脚料等，以在翌日清晨能够吃完为度。一般经过150天左右的饲养，到9月下旬出塘时欧洲六须鲇个体规格可达500克以上，每667米^{2}产量可达1 000千克以上，养殖效益较为可观。

第二节　高效养殖模式

一、苗种驯食关键技术

鲇类是肉食性鱼类，要想健康规模化的养殖，最好要吃浮性配合饲料。因为浮性配合饲料与冰鲜鱼相比具有诸多优点：①便于集约化经营。规模化养殖鲇的重要前提是饲料有保障、便于储藏、一次购入和逐渐使用。浮性配合饲料可以预储原料，增强生产的计划性，保障渔场集约化养殖需要，提高劳动效率。②提高了饲料利用效率。鲇专用浮性配合饲料可按照不同生长阶段的营养需要及其消化生理特点配制，营养全面；原料质量易控制，饲料易于消化，适口性好；加工中能除去毒素，杀灭病菌和寄生虫卵，可减少疾病的发生和便于预防，从而降低了饲料系数，提高了饲料的利用效率。③可减少对水环境的污染。浮性配合饲料耐水性好，可长时间漂浮水面，便于养殖者科学掌握投饲量，从而获得相同量水产品时投饲量少，输入水域的有机物也较少,减少了水质污染,保护了生态环境。

吃肉的鲇类要改吃浮性膨化饲料，第一个最为关键的技术就是驯食，而驯食直接影响到成活率。驯食好，成活率可高达 98%，低的只有 10%～20%。其关键技术如下。

（一）苗种培育技术

1. 苗种入池

最好使用早繁鱼苗，或在 2—3 月就孵化出来的体质健壮的苗种，培育缸见图 3-8。

图 3-8　鲇类圆形培育缸

孵出2天后、卵黄囊刚消失、鱼能够正常进行水平游动时，就入池。最好选择凌晨，先将池壁用水泼湿，待池壁温度与水温一致时入池，可预防得气泡病。

2. 试验池选择

水泥池30～50米^2/口。进排水方便，排水处设防逃网。种放养前，用漂白粉消毒、清洗后灌水。水深50厘米，溶氧量不低于5.0毫克/升，水温22℃左右。

3. 投喂培育

鱼苗的开口饵料可用熟蛋黄或小型枝角类和桡足类。其方法是：将蛋煮熟，去壳取蛋黄用纱布包好，在盛水的盘中挤压蛋黄，使其形成蛋黄颗粒水浆，进行全池泼洒。随着鱼体不断长大，可投喂水蚤、摇蚊幼虫、水蚯蚓、蝇蛆及各种小鱼苗。后期还可投喂细丝状猪肝和瘦猪肉（冷冻后切丝）。

日投饲5～8次，昼少夜多。日投饲量一般为鱼体重的10%～20%，并根据鱼体饱满度及池中残饵灵活掌握。投喂量以下次投喂前池中略有剩余为宜，这样可避免因投喂不足导致鱼苗间互相蚕食。注意投喂生物饵料时应严格进行消毒后才能使用，可将生物饵料洗净后放入3%的食盐溶液或0.5毫克/升高锰酸钾溶液中浸泡3～5分钟，以防止病原入池后诱发病患。

每天用虹吸管排污（粪便和残饵）1次，4～7天彻底清洗污物、换水、过筛、分级1次。

10～15天后，大部分苗种能达到全长3～5厘米，此时可准备驯食配合饲料。

（二）驯食配合饲料关键技术

1. 鱼体规格选择

当南方鲇全长3～5厘米时即用南方鲇专用料进行驯化转食。个体越小，转食虽容易，但常因缺乏适口的饲料导致存活率较低；个体太大，转食率又较低。研究表明，全长3～5厘米，转食效果较好，成活率高达98%。

2. 饲料选择

选择配合饲料及对应规格见表 3-1。

表 3-1 鲇类配合饲料

饲料粒径	粉料	1 毫米	2 毫米	3 毫米	5 毫米	7 毫米
鱼体规格	乌仔	1～5 克	5～10 克	10～30 克	30～100 克	100 克以上

3. 驯食关键技术

该阶段持续 10～15 天，一定要注意循序渐进的过程。

筛分：当鱼体达到全长 3～5 厘米，即先筛选出规格较大的鱼种准备驯食。

第二至四天，在猪肝和瘦猪肉中拌少量鲇粉状配合饲料，在鱼聚集处缓慢投喂，做抢食训练；每天投饲 5 次。每天清除池中的未摄食完的饲料及粪便。

第四至六天，增加粉状配合饲料的比例至 50%，绞成鱼体口裂相近大小的软颗粒，在鱼聚集处缓慢投喂，做抢食训练；日投饲 5 次。

第六至八天后用 100%专用粉状饲料加工成软颗粒投喂。每天投饲 5 次。

第八至十天，投喂通威公司生产的 141 南方鲇（大口鲇）浮性配合饲料（粒径为 1 毫米）（图 3-9）。

在投饲处加遮阳网，投饲时间先由傍晚逐渐过渡到白天，逐渐投喂浮性配合饲料。

投饲量根据摄食情况而定，做到既要保证池中有充足的新鲜饲料，又要降低饲料对水质的污染，同时减少浪费。每天投饲 3～4 次。

再次筛分：第十至十五天，根据转食效果分级出池，提大留小。大的可入池塘或网箱或工厂化车间养殖，对小个体，可根据其大小继续驯喂（表 3-2）。

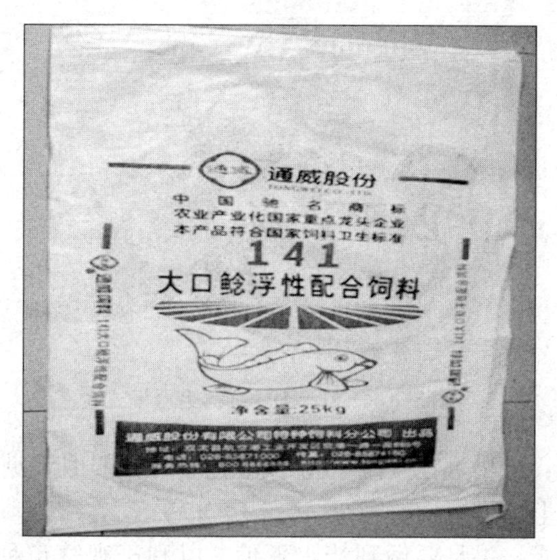

图 3-9　通威 141 南方鲇（大口鲇）浮性配合饲料

表 3-2　筛子的规格与鱼体的大小

筛子	5 朝	6 朝	7 朝	8 朝	9 朝	10 朝	11 朝	12 朝
鱼体长度（厘米）	1.67	2.0	2.33	2.66～3.0	3.33～4.33	4.66～5.66	5.99～7.66	7.99～9.66

二、池塘养殖关键技术

在“调好一池水、护好一根肠、养好一塘鱼”的整体框架思路下，采用“12530”投喂模式（图 3-10），实施新“8”字精养法。“12530”投喂模式是指水温在 10～15℃、15～25℃、25℃以上时，根据所在地区不同养殖品种使用不同产品；“30”是指上市前 30 天，使用其他饲料品种。新“8”字精养法指的是“早、套、排、肠、组、分、调、勤”。

（一）早

早繁苗：放养已驯化好、能吃饲料的同一规格的早繁苗种。

图 3-10 “12530”饲料组合模式

早放养：最早可在 4 月中旬水温上升到 20℃时下塘，一般在 4 月底到 5 月上旬下塘。

放养要求：一是要做到清水下塘，以利于观察鱼种的聚集点。二是必须过筛分级，将不同规格鱼种放入不同的池塘，以提高存活率。

放养量：高密度放养有助于集群摄食，提高单位面积产量。这是鲇类养殖获得高经济效益的前提，但又不能太高，否则不利于保持较好的水质，不利于摄食，还容易引发泛池事故。放养量一般视水源、水质情况调整，在水温较低、水质容易保持的 4—5 月，每 667 米^2 放养量可达到 1.0 万～1.5 万尾，重 100 千克左右；以后单位面积放养的尾数随鱼体增大而降低，第一次分级后每次的初始放养量可保持在每 667 米^2 300～500 千克。

（二）套

鲢、鳙可利用残饵和浮游生物，改善水质，增加经济收入，一般每 667 米^2 放养 150～200 尾，与鲇类同期下塘。每 667 米^2 还可套养 2～3 尾草鱼，以免丝状藻类滋生，一般要比鲇类迟下塘 5～10 天。

（三）排

池塘最好采用平移法底排水。

池塘应选择周围较为安静的地方。水源应没有污染，符合国家对无公害水产品的水质要求。池塘面积不宜过大，特别是在需要不断筛选的阶段，池塘太大将不利于清淤和换水，放养密度为3万～6万尾/公顷。入池时池水最好是清澈透明的。

根据目前生产水平，面积一般为667～2 668米^2，鲇对水深要求在1.6～2.0米为宜。池底较为平坦，少淤泥。

池塘形状应规则整齐，以东西向的长方形为好，以利操作与管理，这种排列的池塘可相对延长日照时间，既能提高池水温度，又有利于浮游植物进行光合作用和增加水中的溶氧量。

清整池塘是改善鲇生活环境的重要工作，清整日期应与鱼种放养日期配合好，通常提前20天左右为宜。将池水放干，清除淤泥，晒干，平整池底，加固池壁。放种前半个月，向池塘注水，水深约0.3米，用生石灰水全池泼洒消毒，生石灰用量80～100克/米^2，几天后再注入新水，消毒后10～15天即可投放鱼种。

每667米^{2}水面可配备1.5千瓦的增氧机1台。

（四）肠

已有研究表明，虽然鱼类的肠道结构相对简单，但其消化、吸收、免疫屏障等功能却是完整的，因此，饲料要强调对其肠道的保护。在食物中科学地添加乳酸菌、芽孢杆菌等有益菌，能有效杀灭侵入肠道的有害菌，维持肠道菌群的动态平衡。

通威股份有限公司生产的141南方鲇浮性膨化饲料，粗蛋白质含量≥40.0％，粗脂肪含量≥8.0％，粗纤维含量≤5.0％，粗灰分含量≤18.0％，具有较好的平衡鲇类肠道的能力。

投饲必须牢记“足而不浪费”的原则。

（五）组

“12530”饲料组合模式如下。

10℃——水温范围为10～15℃时，使用通威饲料产品143号越冬料。

15℃——水温度范围为15～25℃时，使用通威饲料产品141号。

25℃——水温达到25～30℃时，使用通威饲料产品141号。

30℃——水温在30～32℃时，使用通威饲料产品142号。

投饲：一般日投饲2～3次，时间为上午、中午和下午。入池前3天投饲点选在鱼群聚集的角落处，投饲点宜搭建遮阳物。前期投饲时，制造特定响声使其形成上浮抢食的条件反射，饲料一般用手从鱼头部抛洒。投饲时按照“慢—快—慢”的节奏和“少—多—少”的原则掌握投饲速度与投喂量。鱼群多则多投、快投，鱼群少则少投、慢投。在鱼群抢食不积极主动时即停止投喂。阴雨天少投，晴天、水质好和吃食良好时适当多投。由于有的鲇类具有夜食性，一般在18：00投喂时多投一些，剩余少量饲料利于其夜间摄食。鱼群适应后分散在全池时，饲料要大范围、均匀抛洒，以免鱼类长时间集群造成缺氧。也可及时开食台处的增氧机。还可改变投喂地点，选择溶氧量高的地点投饵。如精养鱼池，晴天下午一般应选择在鱼池下风口处，下风口处因受风力的作用，聚集着大量浮游生物进行光合作用，溶氧量往往高于上风口，且上、下层水体溶氧量差别小，有利于保证鲇类摄食时的溶解氧需求和较高的投饲率。

（六）分

1. 分级

为了减少鱼体间相互残杀，提高养殖成活率，提高个体生长整齐度，在商品鱼养殖过程中也要适时分级。10～100克期间每14天分级1次。以后可每30～40天拉网、分级、分池一次。

2. 轮捕

在鱼体达到出售规格后，分级可与轮捕同时实施，这可避免后期密度过大，以免水质差、饲料系数上升、生长速度降低，从而极大地提高单位面积产量。

应实行“鱼种一次性放足、成鱼一次性出池”的饲养体制。

（七）调

1. 调节水质量，采用生态防控

调好一池水的关键在于做好以下几点：①在每年的4月底或5月初，用亚氯酸钠（卤素类）进行水体消毒1次，使用剂量为每667米^{2}100克（水深以1米计）。②5月，每10～15天使用1次“通威饲料伴侣2”（有效活菌数≥10^9CFU/克）调节水质，使用剂量为每667米^{2}250克（水深以1米计）。③6—8月，每10天左右使用1次“通威饲料伴侣2”（有效活菌数≥10^9CFU/克）＋“通威光合菌”（乳酸菌及代谢产物，有效活菌数≥10^8CFU/克）调节水质，一般在使用“通威饲料伴侣2”（有效活菌数≥10^9CFU/克）1～2天后再使用“通威光合菌”（乳酸菌及代谢产物，有效活菌数≥10^8CFU/克）稳定水质。④9月，每10天使用1次“通威光合菌”（乳酸菌及代谢产物，有效活菌数≥10^8CFU/克）净化水质，用量为每667米^{2}1千克（水深以1米计）。按每667米^{2}水面（水深以1米计）全年使用调水微生态产品的用量：“通威饲料伴侣2”（有效活菌数≥10^9CFU/克）10次，2.5千克；“通威光合菌”（乳酸菌及代谢产物，有效活菌数≥10^8CFU/克）共需使用10次，10千克。

2. 开增氧机

高温季节晴天中午开增氧机1～2小时。增氧机的作用：增加溶氧量；促进池水循环流动，加速有机物分解；促进表层与底层水交流，破坏还原层；促进单胞藻生长，维持环境稳定；池水环流和集污。一般原则：晴天中午开；阴天清晨开；浮头提前开；水肥天热多开；水淡天凉少开；高密度全天开。

3. 换水

每隔3～5天要换水1次，每次换掉池水的1/4～1/3，或每6～8天彻底换水1次。

（八）勤

每天早晚各巡池1次，观察水质变化、鱼的活动和摄食情况，及时调整饲料投喂量；清除池内杂物，保持池内清洁卫生；发现死鱼和病鱼就及时捞取；及时做好各种记录。

防藻类病：鲇类有较强的抗病力，在溶氧量、pH适宜的环境下只要做好了预防工作，一般很少发病。但在养殖过程中需特别注意两种藻类，一种是在水质偏瘦情况下出现的丝状藻类，数量太多不利于驯饲，也消耗大量氧气；另一种是浮游藻类，大量繁殖时易引起气泡病。养殖过程中以疾病预防为主，鱼病预防一般有以下措施：①生产操作细心，避免鱼体受伤；②鱼苗、鱼种入池前严格消毒；③每半个月对池水泼洒消毒一次；④及时捞出死鱼；⑤病鱼池中使用过的渔具应浸洗消毒。车轮虫病可全池泼洒硫酸铜0.5毫克/升加硫酸亚铁0.2毫克/升。锚头鳋、指环虫、鲺病通常可用敌百虫0.3～0.5毫克/升全池泼洒，隔周1次，连用2次。鱼病和药物均可影响南方鲇摄食，应视具体情况用药。

三、网箱养殖关键技术

（一）网箱设置技术

网箱设置选择溪河、湖泊、水库等水质清新、溶氧量高、pH适宜的宽敞水域，放置的水域相对更开阔、向阳，有一定风浪或微水流，水深5米以上，透明度1米左右，全年18℃以上水温有4～6个月。同时，要避开航道、坝前、闸口、主河道。

养殖网箱采用“品”字形排列（彩图14）。

（二）分级饲养，及时分箱

鲇类多在仔鱼期便自相残食，因此，及时筛分，换箱饲养，是提高鲇类成活率的关键。根据鲇类不同生长阶段确定网目尺寸和网箱体积。鱼苗网箱，网目 0.8～1.0 厘米，面积 8～25 米^2；鱼种网箱，网目 1.5～2.0 厘米，面积 12～25 米^2；成鱼网箱，网目 3 厘米，长×宽×高为 5 米×5 米×3 米。当鱼体长达 10 厘米时转入鱼种网箱饲养，体长达 16.5 厘米时转入成鱼网箱养殖。

（三）苗种规格整齐，密度适宜

鲇类苗种应规格整齐，以免大小不均相互蚕食，放养规格以 50～100 克为宜，一般放养密度为 80～100 尾/米^2，出箱平均体重可达 0.5～4.0 千克，产量可达 50～120 千克/米^2。饲养管理。鱼种入箱 2 天后开始投喂，每天投喂 3～5 次。

（四）加强管理，防治鱼病

入箱后要定期检查网箱，防逃、防盗；定期清洗网箱，清除污物，保证内、外水体交流畅通。每天观察鱼的吃食、生长情况。定期测定生长速度。要加强鱼病防治，包括鱼苗入箱前的消毒杀菌，饵料鱼的消毒杀菌，对养殖水体的消毒杀菌，定期检查鱼体状况，根据鱼病状况合理用药。

四、工厂化车间养殖关键技术

工厂化循环水养殖系统（彩图 15）以水体循环利用为主要特征，与传统养殖方式相比，具有节水、节地、高密度集约化和排放可控等特点，符合可持续发展要求，是未来水产养殖方式转变的必然趋势。

1. 苗种

可直接购买转食苗，要求无病、无外伤、体格健壮，体色正常、游动力好、无虫（目检和镜检），最好在 10 克以上，时间在 5 月中旬最佳。

目前鲇类苗种主要是池塘亲本进行繁殖，没有经过工厂化养殖驯化，加之鲇类昼伏夜出的生活习性，所以在运回后面临水质条件差异大、生活环境差异大等情况时，鲇类特别是南方鲇暂养死亡率较高。所以推荐鲇类进行区域化的产业化发展，进行苗种的配套培育，以有助于后续的养成。

2. 放养密度和养成密度

养殖密度是制约鱼类生长的重要因素之一，一般认为随着养殖密度的增加，鱼类单位产量也随之升高，但是当达到临界密度时，溶解氧消耗增加，残饵及粪便排放量也随之增加，氨氮浓度增加，水体透明度下降，水中溶解氧含量不足，导致水质恶化，不良的水体环境对鱼类易产生胁迫作用。另一方面，密度的增加使得空间竞争加剧，个体间相互遭遇攻击的机会增大，长期的应激反应对鱼类血液指标及免疫功能产生影响，引起了鱼类生长、代谢等一系列变化，最终可能导致鱼类的死亡率上升，生长速度下降。

10 克左右鱼种，按 6 千克/米^{3}的密度放养时，死亡率较低，饲料系数较低。按 7 千克/米^{3}放养时，死亡率逐渐增高，饲料系数也逐渐增高。推荐放养密度为 6 千克/米^3。

育成阶段出池密度（规格 1.5～1.8 千克/尾）可达到 60～80 千克/米^3，平均养殖密度 75 千克/米^3。

3. 饲料

在苗种适应性驯化方面，饲料混合一定量猪肺等加强诱食，减少蚕食。驯化后采用专用饲料（如通威股份有限公司生产的 141 浮性膨化饲料），200 克以下饲料系数 0.6 左右，全程饲料系数 1.1 左右。

4. 投喂策略

工厂化养殖中，在不影响养殖经济性的前提下，提倡多次投喂，这样使养殖水体氨氮浓度更加平稳、系统氨氮去除效率更高（王以尧　等，2011）。且鲇类属于凶猛性鱼类，要尽量使摄食充足而避免互相蚕食。经比较，在日投饲率为 3%时，每天均匀投喂 5 次饲料利用效率更优（表 3-3）。

表 3-3　鲇鱼饲料投喂与利用率

投喂频率	投喂量（千克）	初始重量（千克）	结束重量（千克）	死鱼重量（千克）	饲料系数
5 次	3.069	155	159	1.56	0.55
3 次	3.069	155	157	2.15	0.74

注：南方鲇鱼种 30 克左右，试验时间为 7 天(6 月 10—17 日)；载鱼量为 5.17 千克/米^3；溶氧量为 11～13 毫克/升。

5. 水质管理

底层排污应与表层排污相结合。工厂化循环水车间水质能够满足鲇类的需求，但鲇类黏液较多，养殖池底部得更快，所以要求循环量更大才能更好排污。采用每 5 小时水体交换 1 次。增氧设施采用纯氧，溶氧量保持在 11～13 毫克/升。

6. 适时筛分

分池对于鲇类养殖成活率和效益非常重要，100 克以前推荐每 1 周筛分 1 次，200 克左右推荐每 2 周筛分 1 次，400 克以上推荐 4 周分池 1 次。

五、“稻—鲇”种养关键技术

（一）养鲇稻田的选择与设施

凡水源充足，排灌方便，保水力强，天旱不干，洪水不淹的早稻、中稻、晚稻稻田，都可利用来养鲇类，但以晚稻田为佳。

稻田基本设施如下（彩图 16）。

加高加固田埂：田埂应加高至 40～50 厘米、宽 30～35 厘米，要求坚实牢固，不垮不漏水，防止逃鱼。

开挖鱼溜和鱼沟：鱼溜又称鱼坑、鱼窝，是水田中较深的地方。鱼溜是鱼栖息、避暑和生长的主要场所，也是解决稻田施肥、施药及晒田的矛盾的一项重要措施。其形状有方形、长形、圆形等。可开在中间、田边或出水口处，尽量选择较隐蔽处，防惊动，防偷，方便清理、观察、投饵与收捕鱼。每个鱼溜 3～5 米^2、深

50～80 厘米，稍深点更佳，有利于鱼类生长。鱼溜面积占本块田面积的 3%～5%。

鱼沟是鱼生活和进入鱼溜的通道。一般宽 30～35 厘米、深 30～40 厘米，布局形状有“日”字形、“田”字形等，常因田形状而定。鱼沟面积占水田面积的 3%～5%。开挖鱼沟、鱼溜的时间，可在插秧以前，也可在插秧后。插秧前开展顺手，出土方便，沟的质量好，但在耕地，插秧时须再整理；插秧后开沟，出土较为麻烦。拔起的秧苗，应尽量补种在沟的两侧，尽量做到减行不减株。

拦鱼栅应安装在水田的注、排水口，注、排水口应设在对角的田埂处，水流畅通，并均匀通过整块田。拦鱼栅材料可用竹筏、塑料篾、铁丝网做成。一般长 60 厘米、宽 40 厘米，高度超出田埂 20～40 厘米，镶嵌入田埂下部泥土 10～15 厘米，防止鲇类顶水跳越或从底部钻逃。

（二）养殖管理技术

（1）放养品种 为了充分利用水稻田中的水生天然饵料，采用以放养本地鲇类或革胡子鲇为主体，配养少量草鱼和鲤的养殖模式。

（2）放养规格与数量 以养鲇类为主的模式，规格在 1.5～3.0 厘米的鱼种，放养数量在 300～500 尾，养殖期一般为 4—8 月，本地鲇类个体大，平均可长到 0.25～0.50 千克；革胡子鲇可长到 1.0～1.5 千克。成活率在 40%～50%，产量可达 60～120 千克，还有一定数量草鱼、鲤收成，成效显著。稻谷产量都可达 500～600 千克。

（3）放养时间 一般在插秧后 7～10 天，鱼种即可投放到鱼溜。若水温适宜，水温在 16～20℃，饵料较丰富的稻田，可适当投一些商品饲料；若较瘦的水田，可适当多投喂饲料或适量有机肥等，使之适应新的生活环境，以便日后的饲养管理。

（4）管理技术 水稻田养殖鲇类，以稻为主，充分利用稻田生态条件，正确处理好稻田养鱼与施肥、治虫、晒田的关系，使稻、鱼互利共生，获得双收成的目的。

①施肥：施肥过量或方法不对，则对鱼类有害。施肥以施基肥为主，追肥为辅。有机肥在施前必须经过发酵。用量为每667米^{2}500千克左右。施化肥，每667米^{2}用尿素5～10千克、硫酸铵10～15千克、硝酸钾3～7千克、过磷酸钾5～10千克。施肥时，应尽量避免伤害鱼，也可半块田轮流施放。

②施农药：稻田养鱼可吞食部分害虫，稻子的病虫害须对症选用高效低毒的农药，严格掌握浓度。施药前，应清理疏通鱼沟，降低水位时，使鱼进入鱼溜并检查，才可施药。尽量减少农药对鱼类的损害。施药后，需观察鱼的动态，适时加注新水，使鱼安全饲养至收捕。

③田间管理：稻谷丰产，鱼类丰收的关键是鱼不逃走，鱼不死亡，其中水不干是最重要的。因此应经常巡田和检查。检查鱼的活动、吃食和水质状况以及水稻的长势，决定投饵和施肥、施药；检查田埂是否有塌漏、拦鱼栅是否牢固、是否有害动物潜入；久不下雨要防旱，暴雨前要防涝、防逃。养殖成鱼的投饵，一定要观察水质、鱼情，坚持“四定”的投饵原则。

（三）起捕收获

经过5～6个月的田间饲养，鱼已达可收成季节。鱼一般在收稻前10～15天起捕。收捕前先要疏通鱼沟，准备好捕捞工具，如抄网、小拉网、网箱、木桶等。收鱼时放水要慢，使鱼从鱼沟集中到鱼溜，方便捕获。达到规格上市，小规格留下转小塘翌年继续养。待鱼收成后，水稻田落干即可收稻。

第三节　营养与饲料

一、鲇类的营养需求

与所有动物一样，鲇类需要蛋白质、脂肪、糖类、维生素、矿物质和水6大类营养素。水易于获得，下面介绍其他5类营养素的营养生理功能及鲇类的需求量。

1. 蛋白质的营养生理作用及其需求量

蛋白质是以氨基酸为基本单位所构成的，有特定结构并且具有一定生物学功能的一类重要的生物大分子。蛋白质是鱼类生长和维持生命所必需的营养成分，是鱼体组成的主要有机物质，占鱼体总干重的65%～75%。蛋白质首先用于维持鱼类的基础代谢，其次才用于生长。

(1) 蛋白质是构建机体组织细胞的主要成分 动物的皮肤、肌肉、血液、器官、神经及结缔组织等都以蛋白质为主要成分。这些组织起着运动、传导、填充、支持、消化、生殖、运输等多种功能。

(2) 蛋白质是动物体内特殊功能物质的主要成分 绝大多数酶的化学本质是蛋白质，目前发现的酶种类有数千种。而生物体中所有的化学反应几乎都是在以酶作为生物催化剂的作用下完成的。酶在生物体内的作用有高效性、特异性、方向性和时空性，以维持生物体正常的活动、生长、发育和繁殖。另外，一些起调节作用的激素、具有免疫和防御机能的抗体都以蛋白质为主要成分。

(3) 蛋白质是组织更新、修复的主要原料 动物体的各组成部分的自我更新是生命活动的本质，在动物的新陈代谢过程中，组织的更新、损伤组织的修复都需要蛋白质。

(4) 蛋白质的供能作用 蛋白质可直接供能，或转化为糖和脂肪，在机体能量供应不足时，蛋白质可分解供能以维持机体的代谢活动。当摄入蛋白质过多或氨基酸不平衡时，多余的部分也可转化成糖、脂肪或分解产热。水生生物对糖的利用能力有限，体内有相当数量的蛋白质参与供能作用。

鱼类饲料中蛋白质成本占饲料总成本的比重最大，因此确定饲料的最适蛋白质含量非常重要。以南方鲇为例，它属于肉食性鱼类，在自然条件下以蛋白质含量较高的鱼类为食，其对蛋白质需求量较高。南方鲇幼鱼生长速度随饲料蛋白质水平的升高而升高，到适宜蛋白质水平后下降，因此，饲料中蛋白质含量要适宜，过低导致生长缓慢，过高加重代谢负担，导致肝脏功能受损，从而影响其正常生长。张文兵等得出南方鲇幼鱼（初始体重43克）适宜蛋白质需求量为47%～51%。根据已有研究结果显示鲇类最适的蛋白质需求量为30%～45%，如湄公河鲇对蛋白质的需求量为37.3%；蟾胡鲇对蛋白质的需求量为37%～40%；非洲鲇对蛋白质的需求量为40%。吴江和张泽芸（1996）通过建立15克的南方鲇鱼种饲料蛋白质含量与增重率的回归方程，得出蛋白质的最大需要量为48.3%。冯健等（2013）研究得出南方鲇幼鱼（初始体重2.0克）适宜蛋白质需求量为45%。

在此基础上饲料生产企业进行了实践和推广应用。以通威股份有限公司为例，经过多年实践确定了南方鲇鱼种配合饲料适宜蛋白质水平为40%～42%，育成配合饲料适宜蛋白质水平为38%～40%；鲇的育成配合饲料适宜蛋白质水平为36%；沟杂鲇（南方鲇与斑点叉尾鮰的杂交品种）等偏杂食性品种配合饲料适宜蛋白质水平33%～35%。

蛋白质营养的实质是氨基酸的营养。必需氨基酸是鱼体自身不能够合成或合成量不能满足其需要，必须从食物中获得的氨基酸。鱼类的必需氨基酸有10种，分别为：异亮氨酸、亮氨酸、赖氨酸、蛋氨酸、苯丙氨酸、苏氨酸、色氨酸、缬氨酸、精氨酸和组氨酸。必需氨基酸缺乏会造成鱼体生长缓慢甚至停止生长，免疫力低下，极易发病死亡。适宜的饲料氨基酸水平可以提高鱼的消化吸收能力、免疫和疾病抵抗力和抗氧化能力。由四川农业大学、四川省畜科饲料有限公司、通威股份有限公司联合实施的四川省农业科技创新产业链示范项目——“南方鲇现代产业链关键技术集成研究与产业化示范”项目，提出了集约化和池塘养殖条件下南方鲇幼鱼必需氨基酸的适宜推荐水平（占蛋白质含量的百分比）分别为：精氨酸4.9%；组氨酸1.7%；异亮氨酸2.9%；亮氨酸3.9%；赖氨酸5.7%；蛋氨酸+半胱氨酸2.6%；苯丙氨酸+酪氨酸5.6%；苏氨酸2.2%；色氨酸0.6%；缬氨酸3.3%。南方鲇成鱼必需氨基酸的适宜水平为（占蛋白质含量的百分比）：精氨酸4.3%；组氨酸

1.5%；异亮氨酸2.6%；亮氨酸3.5%；赖氨酸5.1%；蛋氨酸+半胱氨酸2.3%；苯丙氨酸+酪氨酸5.0%；苏氨酸2.0%；色氨酸0.5%；缬氨酸3.0%。

2. 脂类的营养生理作用及其需求量

脂类是在动物、植物组织中广泛存在的一类脂溶性化合物的总称，脂类在鱼类生命代谢过程中具有多种生理作用，是鱼类所必需的营养物质。

(1) 组织细胞的组成成分 一般组织细胞中均含有1%～2%的脂类物质。特别是磷脂和糖脂是细胞膜的重要组成成分。蛋白质与类脂质的不同排列与结合构成功能各异的各种生物膜。鱼体各组织器官都含有脂肪，鱼类组织的修补和新组织的生长都要求经常从饲料中摄取一定量的脂质。此外，脂肪还是体内绝大多数器官和神经组织的防护性隔离层，可保护和固定内脏器官，并作为一种填充衬垫，避免机械摩擦，并使之能承受一定压力。

(2) 提供能量 脂肪是含能量最高的营养素，其产热量高于糖类和蛋白质，每克脂肪在体内氧化可释放出37.656千焦的能量。直接来自饲料的甘油酯或体内代谢产生的游离脂肪酸是鱼类生长发育的重要能量来源。鱼类由于对碳水化合物特别是多糖利用率低，因此脂肪作为能源物质的利用显得特别重要。同时，脂肪组织含水量低，占体积少，所以储备脂肪是鱼类储存能量，以备越冬利用的最好形式。

(3) 利于脂溶性维生素的吸收运输 维生素A、维生素D、维生素E、维生素K等脂溶性维生素只有当脂类物质存在时方可被吸收。脂类不足或缺乏，则影响这类维生素的吸收和利用。

(4) 提供必需脂肪酸 某些高度不饱和脂肪酸为鱼类维持正常生长、发育、健康所必需，但鱼本身不能合成，或合成量不能满足需要，必须依赖饲料直接提供，这些脂肪酸称为必需脂肪酸。

(5) 作为某些激素和维生素的合成原料 如麦角固醇可转化为维生素D_2，而胆固醇则是合成性激素的重要原料。

(6) 提高饲料利用率 节省蛋白质，提高饲料蛋白质利用率。

鱼类对饲料脂类的需要，很大程度上取决于其中的脂肪酸，尤其是不饱和脂肪酸的种类和数量。因此，为鱼类提供适量的脂肪将有助于其健康生长发育，降低养殖成本，提高养殖效应。必需脂肪酸是鱼类生长发育所必需，对机体正常机能和健康具有重要保护作用，但鱼体本身不能合成，必须由饲料直接提供。“南方鲇现代产业链关键技术集成研究与产业化示范”项目提出了南方鲇苗种期饲料脂肪的适宜水平分别为7%～9%，必需脂肪酸的适宜水平均为亚麻酸1.2%，α-亚麻油酸0.9%，南方鲇成鱼期饲料脂肪的适宜水平为10%～12%。必需脂肪酸的适宜水平均为亚麻酸1.2%，α-亚麻油酸0.9%。

冯健等（2013）研究得出南方鲇幼鱼（初始体重2.0克）当日粮脂肪水平≤9%时，其特定生长率随着日粮脂肪水平上升而增加；但当日粮中脂肪含量≥12%时，鱼体和肝脏脂肪含量显著上升，肝细胞脂肪变性明显，因此脂肪含量9%较适宜。

鱼类对脂肪有较强的利用能力，其用于鱼体增重和分解供能的总利用率达90%以上。因此当饲料中含有适量脂肪时，可减少蛋白质的分解供能，节约饲料蛋白质，这一作用称为脂肪的节约蛋白质作用。对处于快速生长阶段的仔鱼和幼鱼，脂肪对蛋白质的节约作用尤其显著。付世建等（2001）验证了南方鲇饲料脂肪对蛋白质的节约效应，对初始体重30～44克南方鲇，脂肪水平增加6.8%，可减少11.3%的蛋白质供给，节约效率达到了100%。配方实践中应用“脂肪对蛋白质的节约效应”原理，根据蛋白质原料及脂肪源价格变化适当调整饲料蛋白质和脂肪水平，以期达到最佳的投入产出。

3. 糖类的营养生理作用及其需求量

普遍认为，鱼虾对日粮碳水化合物没有特殊的需求，所有种类当饲喂无碳水化合物日粮时他们都可以存活和生长。这可能是因为葡萄糖可以通过非葡萄糖前体以糖异生作用高效地合成，特别是氨基酸，它是糖异生作用的主要底物。

糖类按其生理功能可以分为可消化糖（或称无氮浸出物）和粗

纤维两大类。可消化糖包括单糖、糊精、淀粉等，其主要作用如下。

(1) **抗体细胞的组成成分** 糖类及其衍生物是鱼、虾（或其他动物）抗体细胞的组成成分。如五碳糖是细胞核核酸的组成成分，半乳糖是构成神经组织的必需物质，糖蛋白则参与细胞膜的形成。

(2) **提供能量** 糖类可以为鱼、虾提供能量。吸收进入鱼虾体内的葡萄糖经氧化分解，释放出能量，供机体利用。游泳时肌肉运动、心脏跳动、血液循环、呼吸运动、胃肠道的蠕动以及营养物质的主动吸收、蛋白质的合成等均需要能量。除蛋白质和脂肪外，糖类也是重要的能量来源。摄入的糖类在满足鱼、虾能量需要后，多余部分则被运送至某些器官、组织中（主要是肝脏和肌肉组织）合成糖原，储存备用。

(3) **合成体脂肪** 糖类是合成体脂的主要原料。当肝脏和肌肉组织中储存足量的糖原后，继续进入体内的糖类则合成脂肪，储存于体内。

(4) **合成非必需氨基酸** 糖类可为鱼虾合成非必需氨基酸提供碳架。葡萄糖的代谢中间产物，如磷酸甘油酸、α-酮戊二酸、丙酮酸可用于合成一些非必需氨基酸。

(5) **蛋白质节约效应** 糖类可改善饲料蛋白质的利用，有一定的蛋白质节约效应。当饲料中含有适量的糖类时，可减少蛋白质的分解供能，同时 ATP 的大量合成有利于氨基酸的活化和蛋白质的合成，从而提高饲料蛋白质的利用效率。

南方鲇是典型的肉食性鱼类，对糖类的需求及利用能力相对较低，原因在于：南方鲇消化糖类的淀粉酶活性低，且消化道短，对常见糖类淀粉的消化吸收差；其代谢较多依赖蛋白质和脂肪供能，糖类的脂肪转化能力较差。付世建和谢小军（2005）研究指出，初始体重 12.93 克的南方鲇，蛋白质水平为 40%、脂肪水平为 10% 时，得出南方鲇适宜的碳水化合物需求为 12%～18%。

4. 维生素的营养生理作用及其需求量

维生素是维持动物健康、促进动物生长发育和调节生理功能所必需的一类低分子有机化合物，这类物质在体内一般不能由其他物质合成或者合成很少，必须由饲料提供，或者提供其前体物。维生素可以提高鱼类的消化吸收能力和抗氧化能力，增强鱼体的疾病抵抗力。集约化和池塘养殖条件下南方鲇幼鱼期维生素的适宜推荐水平为：维生素 A，4 000国际单位/千克；维生素 D，1 300国际单位/千克；维生素 E，40 国际单位/千克；维生素 K，9 毫克/千克；维生素 B_1，3 毫克/千克；维生素 B_2，10 毫克/千克；维生素 B_6，4 毫克/千克；维生素 B_5，15 毫克/千克；维生素 B_3，13 毫克/千克；维生素 H，0.1 毫克/千克；维生素 B_{12}，0.02 毫克/千克；叶酸，2.2 毫克/千克；胆碱，550 毫克/千克；肌醇，120 毫克/千克；维生素 C，80 毫克/千克。南方鲇成鱼期维生素的适宜推荐水平为：维生素 A，2 000 国际单位/千克；维生素 D，900 国际单位/千克；维生素 E，28 国际单位/千克；维生素 K，5 毫克/千克；维生素 B_1，2 毫克/千克；维生素 B_2，8 毫克/千克；维生素 B_6，3 毫克/千克；维生素 B_5，12 毫克/千克；维生素 B_3，11 毫克/千克；维生素 H，0.1 毫克/千克；维生素 B_{12}，0.01 毫克/千克；叶酸，1.5 毫克/千克；胆碱，450 毫克/千克；肌醇，90 毫克/千克；维生素 C，50 毫克/千克。

5. 矿物质的营养生理作用及其需求量

矿物质的主要生理功能表现在以下几个方面：①体组织的构成成分：如钙和磷是骨骼的主要成分，磷又是构成细胞膜磷脂的必需成分；②作为酶的辅基或激活剂，如锌是碳酸酐酶的辅基，铜是细胞色素氧化酶的辅基等呼吸；③参与构成机体某些特殊功能物质，如铁是血红蛋白的组成成分，碘是甲状腺素的成分，钴是维生素 B_{12}的成分；④无机盐是体液中的电解质，维持体液的渗透压和酸碱平衡，如钠、钾、氯等元素；⑤特定的金属元素（铁、锰、铜、钴、锌、钼、硒等）与特异性蛋白结合形成金属酶，具独特的催化作用；⑥维持神经和肌肉的正常敏感性，如钙、镁、钠、钾等元素。

鱼类能有效地利用水中溶解钙，当水体钙含量为 14～20

毫克/升时，鲇类几乎不需要由饲料供给钙便能满足生长需要，但大多数微量元素必须由饲料供给。矿物质可以促进鱼类消化、免疫器官生长发育，提高其消化吸收能力和抗氧化能力，增强鱼体疾病抵抗力。集约化和池塘养殖条件下南方鲇幼鱼期矿物质的适宜推荐水平为：磷，5 克/千克；镁，0.3 克/千克；铁，30 毫克/千克；铜，5 毫克/千克；锰，3 毫克/千克；锌，20 毫克/千克；碘，2.4 毫克/千克；硒，0.25 毫克/千克；钴，0.05 毫克/千克。南方鲇成鱼期矿物质的适宜推荐水平为：磷，4 克/千克；镁，0.3 克/千克；铁，30 毫克/千克；铜，5 毫克/千克；锰，3 毫克/千克；锌，20 毫克/千克；碘，2.4 毫克/千克；硒，0.25 毫克/千克；钴，0.05 毫克/千克。

二、鲇类常用的饲料种类及其特性

饲料是营养素的载体，含有动物所需要的营养素。鲇类常用饲料种类可分为天然饵料和人工配合饲料两大类。天然饵料主要包括水蚤、水蚯蚓、小杂鱼等；鲇类集约化养殖以人工配合饲料为主，按饲料形态划分如下。

1. 粉状饲料

粉状饲料（彩图 17）是将各种原料粉碎到一定细度，按配方比例充分混合后的产品。南方鲇粉料饲喂前用水将粉状饲料调和成团块状，成团投入鱼池，这就要求团状物不但不溶不散，还需有一定的弹性和延伸性，以利鱼类采食。也可将粉料与水按一定比例混合后采用螺杆式软颗粒制粒机生产成含水量 25%～30%、直径不同、质地柔软的软颗粒，投入鱼池。南方鲇喜食软颗粒饲料。

2. 硬颗粒饲料

硬颗粒饲料（彩图 18）是指粉状饲料经蒸汽高温调质并经制粒机制粒成型、再经冷却烘干而具有一定硬度和形状的圆柱状饲料。含水率在 12%以下，颗粒密度为 1.3 克/厘米^3 左右，属沉性饲料。

3. 挤压膨化饲料

膨化饲料（彩图 19）是将粉状饲料送入膨化机内，经过混合、调质、升温、增压、挤出模孔、骤然降压以及切成粒段、干燥等过程所制得的一种蓬松多孔的颗粒饲料。含水率 9%左右，颗粒密度可低于 1 克/厘米^3，通常属于浮性饲料。

3 种料型各有优缺点。粉料加工简单，便于制作成软颗粒料，适口性好，但需要每次投喂前再制作成软颗粒，水分含量高，不便于储存；硬颗粒饲料制作简单，压制费用较低，成品的运输、保藏和投喂都较方便，但耐水性较差；膨化颗粒饲料能较长时间地漂浮于水面，便于养殖者观察鱼类摄食情况，减少饲料浪费，饲料加工成本相对高一些，加工过程对热敏性维生素如维生素 C 破坏严重。

南方鲇是凶猛的肉食性鱼类，摄食对象多为小型水生动物，它能捕食相当于自身长度 1/3 左右的各种鱼类（包括同类），也喜食冰鲜鱼块、禽畜内脏等动物性食物。南方鲇水花鱼苗的开口饲料是大型浮游动物或剁细的水蚯蚓；全长 2 厘米左右的鱼苗就能吞食摇蚊幼虫、水蚯蚓、鱼肉糜；3 厘米以上的鱼种便能很好的摄食水蚯蚓、杂鱼肉以及小规格（粒径 0.5 毫米、0.8 毫米）的人工配合饲料，转食过程通过配合饲料梯度替换水蚯蚓直至全部摄食人工配合饲料，整个转食过程需 7～10 天才能完成。通威股份有限公司是最早从事南方鲇人工养殖技术研究与饲料开发的单位之一，根据南方鲇不同生长阶段的营养需要，结合生产实际该公司研制了 14 系列南方鲇专用饲料，经养殖验证，鱼种期饲料系数 0.8 以内，全程饲料系数 1.0 左右。14 系列南方鲇专用饲料 2008 年以前主要的商品形态为粉料，由于粉料使用不方便，生产上尝试从水蚯蚓或动物内脏开始转食膨化饲料，即从鱼苗长度达 3～5 厘米就开始转食膨化饲料，并获得了成功，目前南方鲇商品饲料形态都是膨化饲料。通威股份有限公司南方鲇系列配合饲料包括 141、142 系列的南方鲇育成浮性配合饲料，143 鲇育成浮性配合饲料。

沟杂鲶水花阶段一般以枝角类为主要饵料，水花培育6～8天，规格达到2～3厘米时，可投喂绞碎的动物内脏或鲜鱼，以动物心肺为佳，培育10～15天，即可在饵料中加拌少量1.0毫米的鲶鱼种浮性配合饲料，拌和后泼洒投喂，逐步加大饲料比例，5～7天后即可全部投喂配合饲料。

除南方鲶是典型的肉食性外，沟杂鲶、胡子鲶等杂交品种食性较杂，可选择的商品饲料粗蛋白质从33%～40%均可，根据不同的养殖模式、鱼价、上市时间要求等要素灵活选择。以通威股份有限公司鱼料产品系列为例：鲶类饲料种类包括141南方鲶育成浮性配合饲料（粗蛋白质含量≥40%）、142南方鲶育成浮性配合饲料（粗蛋白质含量≥38%）、143鲶育成浮性配合饲料（粗蛋白质含量≥36%）、168鮰专用浮性配合饲料（粗蛋白质含量≥35%）、150鱼种专用浮性配合饲料（粗蛋白质含量≥36%）、152鱼用浮性配合饲料（粗蛋白质含量≥33%）、111鲤鱼种配合饲料（粗蛋白质含量≥35%）、101鲤育成配合饲料（粗蛋白质含量≥33%）。

饲料组合投喂可获得更佳的经济效益。近年在眉山思蒙镇、眉山悦兴镇养殖沟杂鲶取得了巨大成功，以50～150克小规格商品鱼养殖模式最为成熟，经济效益最佳。其中，在用料模式方面采用组合投喂模式，小个体（50克以内）沟杂鲶投饲141南方鲶育成浮性配合饲料加大个体（50克以上）投饲168鮰专用浮性配合饲料，与使用单一饲料品种相比，组合投喂既可满足快速生长的需要，也可获得最佳的饲料效率，饲料投入最划算。

三、提高配合饲料利用率的主要途径

1. 正确选择配合饲料

水产养殖成本构成中，饲料支出占60%～70%，正确选择饲料对提高饲料利用效率，降低养殖水体内源性污染、降低养殖成本意义重大。首选饲料质量稳定、科技力量雄厚、能持续为养殖户提供养殖技术服务的企业的产品。重点把握以下几点。

（1）饲料品位的选择　①要根据养殖鱼类的食性与营养需求等特点选择适宜营养水平的饲料。不宜只简单关注产品的外观质量和粗蛋白质等指标，饲料系数更有意义。②不要以价格决定选择，而应选择增重饲料成本低的产品。当市场行情较好、鱼价较高时，应优选生长速度较快的高品质饲料。在资金、养殖条件优越的情况下，应选用优质饲料，降低饲料中无效费用。最好结合鱼价和养殖技术，以盈亏平衡点鱼价的高低来选择饲料。

假设有1～4号不同档次的饲料，增重饲料成本为7.77～7.80元/千克，饲料系数从1.39变化到1.90，饲料售价从4 100元/吨变化到5 600元/吨。假设某养殖户每667米^{2}投1 500千克饲料、除鱼种外的非饲料成本为每667米^2 1 700元，在单位面积池塘或网箱内使用的是售价为Ps（元/吨）、饲料系数（$\frac{投饲量}{增重量}$）为FCR的饲料，在养殖期T时间内，投饲总量Fi（千克）后，鱼体达上市规格，成鱼售价为Py（元/千克），全期除鱼种以外的非饲料成本（含塘租、设备、水电、人工、药品等成本）为C（元）。根据下式计算和表3-4发现：

①饲料档次越高，盈亏平衡点鱼价越低。5 600元/吨的1号料的盈亏平衡点鱼价为9.36元/千克，2、3、4号料的盈亏平衡点鱼价分别为9.54、9.69、9.95元/千克。②若鱼价为8.00元/千克，大家都亏。鱼价如果低于7.40元/千克，则高档饲料亏损越多。③若鱼价高于9.95元/千克，则大家都赚，且高品位饲料赚钱更多。

$$净利润Y=\frac{Fi}{FCR}\times Py-\frac{Fi\times Ps}{1\,000}-C$$

$$=\frac{Fi(1\,000Py-Ps\times FCR)}{1\,000FCR}-C$$

以南方鲇而言，生长速度快，鱼种成本高，属高投入高风险养殖，当鱼价在盈亏平衡点以上时，宜选择高档料，缩短养殖周期，降低养殖风险。

表 3-4　增重饲料成本相等时不同品位饲料的盈亏平衡点鱼价

饲料编号		1	2	3	4
售价（元/吨）		5 600	5 100	4 600	4 100
饲料系数		1.39	1.53	1.69	1.9
增重饲料成本（元/千克）		7.78	7.80	7.77	7.79
每 667 米² 投饲量（千克）		1 500	1 500	1 500	1 500
每 667 米² 增重（千克）		1 079	980	888	789
每 667 米² 重量（千克）	初	250	250	250	250
	末	1 329	1 230	1 138	1 039
每 667 米² 尾数（尾）	初	1 000	1 000	1 000	1 000
	末	950	950	950	950
规格（克/尾）	初	250	250	250	250
	末	1 399	1 295	1 197	1 094
每 667 米² 成本（元）	非饲料成本	1 700	1 700	1 700	1 700
	饲料支出	8 400	7 650	6 900	6 150
净利润 Y（元）	7.40	−2 114	−2 095	−2 032	−2 008
	8.00	−1 467	−1 507	−1 499	−1 534
	9.36	1	−174	−292	−461
	9.54	195	3	−133	−318
	9.69	357	150	1	−200
	9.95	637	405	231	5

（2）饲料粒径的选择　根据 Pyke 在 1984 年提出的最适索饵理论，鱼类总是倾向于摄食耗费最小时间，包含最大能量（净能）的食物。饲料粒径过大，有吞入回吐现象，摄食困难。饲料粒径过小，单位重量的饲料颗粒数量增加，鱼的视觉干扰增大，获得同等重量饲料摄食时间延长，摄食频率增加，游动摄食过程能量消耗增大。因此适宜饲料粒径对减少摄食耗能，减轻投饲区低溶解氧应激，提高饲料利用效率非常重要。

通常口裂大小是制约鱼类饲料粒径适口性的主要因素。口裂包括口径和口宽，口径是指上、下颌张角为90°时的直线长度，口宽是口闭合状态下，左、右口角之间的最大距离。事实上，鱼类适宜摄食状态时的口裂并非张至最大角度，而是有一定的角度范围（当上下颌张角为90°时，开口率为100%；闭口时，开口率为0；摄食时通常开口率为75%左右），以致摄食饲料粒径远小于口径。革胡子鲇饵料宽度为口宽的12.0%～60.5%，鲻适宜饲料大小为其口径的50%～75%，大菱鲆适宜饲料大小约为口宽的40%。关于饲料适宜粒径与鱼口裂的关系，苏州大学叶元土教授提出：饲料颗粒粒径要依据鱼的自然摄食口径进行确定，应该将不同体重大小的摄食口径（口径×75%）的25%作为饲料颗粒的直径。

投喂适宜粒径饲料可提高鱼类生长速度和饲料利用效率。2012年7月4日至10月24日，通威股份有限公司水产研究所在河南省原阳县黄寺渔场网箱开展了2种不同粒径（4.0毫米和2.5毫米）相同配方组成硬颗粒饲料喂养初始体重262.15克/尾的鲤的试验（此规格鲤宜投喂4.0毫米粒径饲料）。经过119天养殖结果表明，鲤摄食4.0毫米饲料比摄食2.5毫米饲料系数降低2.59%，特定生长率升高9.15%。2012年7—9月通威股份有限公司水产研究所用配方相同的两种粒径（2.0毫米、3.0毫米）饲料饲喂鲫（初始体重118.65克/尾，适宜粒径3.1毫米），经过52天养殖，结果表明3.0毫米组饲料系数比2.0毫米组降低6.42%。改善生长可能有3方面原因：①粒径越大，与水接触的表面积越小，水中散失减少；②摄食饲料粒径越大，鱼消耗更少能量，单位时间获得净能量更大；③摄食大粒径饲料，鱼可快速吃饱，缩短在投饲区停留时间，减少投饲区低溶解氧带来的应激反应。

目前普遍采用浮性膨化配合饲料养殖南方鲇，饲料产品规格有0.5毫米、0.8毫米、1.0毫米、3.0毫米、5.0毫米、7.0毫米和9.0毫米。南方鲇口裂大，幼龄阶段口裂生长速度快于成鱼阶段，因此宜实时更换饲料粒径，粒径以（口径×0.75%）×25%为宜。沟杂鲇等也可采用这一计算方法确定饲料粒径。

（3）饲料组合投喂　选择2～3种饲料进行组合投喂，来满足池塘主养鱼规格差异、日水质变化、月养殖条件差异及特殊情况下的不同需求，做到科学性。以南方鲇为例，30%鱼种料加70%育成料组合投喂比全期使用鱼种料养殖性价比更优。眉山地区养殖沟杂鲇普遍采用前期（50克以前）南方鲇育成浮性配合饲料+后期（50克以后）鮰专用浮性配合饲料的组合。

2. 鱼种质优、放养数量适宜

鱼种是否优良，在同等条件下可导致0.2及更高的饲料系数差异，对养殖户的养殖效益产生重大影响。建议到正规苗种场购买优良的鱼种。池塘养殖南方鲇放养大规格鱼种的成活率高、生长速度快，根据鱼种规格不同，通常每667米^{2}放养规格整齐的南方鲇800～1 500尾，大规格少放，小规格适当多放，并套养100～200尾鲢、鳙。

3. 充足的溶解氧

水产养殖中溶解氧是鱼类生长最重要的影响因子之一，充足的溶解氧可提高鱼类对饲料的消化利用率。吴根等（2007）研究表明，溶氧量在7.05～15.8毫克/升变动时，随溶氧量的升高，虹鳟（体长13.0～18.5厘米）蛋白酶、淀粉酶活力及消化吸收率随之升高，并能提高增重率、特定生长率和饲料转化率，并认为水中溶氧对消化酶活力和消化吸收率的影响是导致不同溶氧条件下虹鳟生长速度差异的主要原因之一。许品诚和曹萃禾（1989）研究表明，鲤在3.6毫克/升、4.5毫克/升、5.0毫克/升、5.3毫克/升、6.2毫克/升和6.6毫克/升溶氧量的水中生长，其饲料系数（y）与溶氧量（x）的关系为，随着溶氧量升高，饲料系数下降。除影响饲料效率外，长期低溶氧量胁迫导致鱼类疾病抵抗力降低。有报道称，慢性低氧胁迫（2.01毫克/升）降低了斑点叉尾鮰的免疫机能及对小瓜虫的抗病力，而4.17毫克/升溶氧量对斑点叉尾鮰不构成低氧胁迫。

南方鲇对溶氧量要求高，适宜水温（25～28℃）时，溶氧量5毫克/升以上，生长速度快、饲料报酬也高；溶氧量降至3毫克/升时，生长速度减慢、饲料系数升高；降至2毫克/升时则食量大减、生长缓慢；低于1.5毫克/升时有可能出现浮头现象；降至1.0～0.8毫克/升时就会发生泛池死鱼。在养殖中要监测溶氧量，并采取加水换水、改善底质、使用增氧机等措施，来达到溶解氧充足、利于消化吸收、降低饲料系数的目的。

4. 提高养殖管理水平

相邻两口池塘、用同一种饲料不同养殖户管理饲料系数可能差异0.1～0.2，究其原因主要在管理是否精细化。

精准投喂技术是指结合鱼体规格、水质和鱼价等因素，通过有效的控制投饲量、投饲次数、投饲时间、投饲地点及投饲方式等技术要点，将选择的饲料精准的投喂给池塘中的鱼，做到效益最大化条件下鱼投饲率趋近于最佳摄食率的技术。投喂坚持不浪费原则和经济性原则，不浪费原则指投喂量不能超过饱食量，在投饲后一定时间后，在水面上或水底都应无可见的未吃完的饲料。经济性原则指根据终端鱼价、水质、养殖设施配套及养殖成本等因素变动，快速变换合适的饲料种类、饲料组合及投喂量等。

(1) 投饲量

年总投喂量：根据主养鱼放养规格、数量、计划增长倍数和正常情况下饲料系数来确定，即年总投喂量＝放养重量×增长倍数×正常情况下饲料系数。

月投喂量：根据养殖周期、各时间点鱼体应达到的规格及预测饲料系数，分配各月的饲料量。

日投饲量与日投饲率：根据天气、水温、溶解氧和鱼的摄食情况进行调整日投饲量与日投饲率。

(2) 投饲次数与时间　鲇类有胃，通常南方鲇每天投喂2次，沟杂鲇可投喂2～3次。南方鲇喜暗，早、晚投喂，06：00—09：00投喂1次，21：00左右投喂1次，若投喂3次可在14：00增加1次。水温、溶氧量越接近鱼体最适宜数据，该次的投喂量可越大。早、晚餐各占日投饲量的50%，或早餐40%，晚餐60%。

(3) 投饲地点与方式　膨化浮性饲料沿池梗均匀投撒。喂颗粒饲料，需配备投饵机。投料时遵循“慢—快—慢”“少—多—少”

原则定点投饲。

(4) 注意事项 如发现摄食量异常，应全面分析水温是否骤然变化、溶解氧是否充足、鱼体是否发病、是否用过药物、是否捕捞刺激、是否在鱼类繁殖季节等原因，并及时调整。

四、天然生物饵料的培养技术

研究表明，水蚤、蝇蛆、黄粉虫、水蚯蚓等所含蛋白质都很高。如蝇蛆，鲜蛆蛋白质含量为15.6%，蛆粉含粗蛋白质59%～63%，粗脂肪10%～20%，与进口的世界名牌秘鲁鱼粉相似。蛆粉每种氨基酸含量都高于国产鱼粉，必需氨基酸总量是鱼粉的2.3倍，赖氨酸含量是鱼粉的2.6倍，还含多种生命活动所必需的微量元素如铁、锌、铜等。投喂蝇蛆养鱼、虾、蟹等增长速度快，且对水质的污染小。又如黄粉虫，其营养成分丰富，干虫粉含蛋白质47.68%，脂肪28.56%，碳水化合物23.76%及各种矿物质，可作为龟、鳖、鱼虾、蟹、黄鳝、蛙类的鲜活饵料。黄粉虫可在居室中立体养殖，一般用1.5～2.0千克麦麸即可养成0.5千克虫体，成本比鱼粉低得多，而营养价值却比鱼粉高。更重要的是上述几种鲜活饵料中所含的营养成分较鱼粉全面。其中，脂肪、碳水化合物、维生素A、B族维生素及各种氨基酸含量均优于鱼粉，是替代鱼粉制造优质饲料的重要营养原料，也是直接饲喂禽畜和鱼的理想饲料，而且有的还是上述特种动物幼苗期必不可少的开口饵料。如水蚯蚓就是鱼苗必不可少的开口饵料。实践证明，把鲜活饵粉掺进配合饲料中进行饲喂，不仅具有适口性好、营养转化率高、生长快、成活率高、肉质好、味道香等优点，而且养殖成本低、饲养周期短、经济效益高。

1. 水蚤

水蚤（彩图20）是广泛分布于浅水池塘或江河的浮游动物。培育水蚤可以利用室外水泥池、土池或小水坑作为培育池，水深0.5～1.0米，面积10～30米^{2}为宜。水泥池每平方米水面施人畜粪便或家禽粪便1.5～2.5千克，以后每5～10天施肥1次，每次每平方米水面施肥0.75～1.00千克。在池水达到一定的肥度和水质良好的情况下，每立方米池水引入蚤种20～30克。引种5～10天之后，水蚤便会大量繁殖出来，布满全池。此时每隔1～2天捞取1次，每次捞取10%～20%，连续几天后，再施粪肥培育5～10天，又可继续捞取，每立方米水体每天可产出800克水蚤。

2. 水蚯蚓

水蚯蚓（彩图21）分布在腐殖质较丰富的泥土中，耐低氧，缺氧时会群裹成团而停于泥土表面。从野外捞取水蚯蚓是连泥带虫一并铲入桶中，聚积成几十厘米厚的带虫泥浆，然后用木盖盖上，使桶内黑暗和空气不流通。几小时后，打开桶盖，水蚯蚓会大量聚集成团停留在泥土表面，用手即可将成团的虫块取出饲喂鱼苗。

人工培养水蚯蚓可利用土池做培育池，面积大小不限，几平方米均可。在池底铺上厚8～20厘米的一层泥土，水深30～40厘米，然后引入少许虫种，用发酵的麦麸、米糠做饲料，每3～4天投喂1次，每次每平方米约250克，每天每平方米水面可生产8～26克水蚯蚓。

3. 蝇蛆

可利用旧房改造成蝇房，其饲养室不对外开门，屋内北边设封闭式走道，由工作室后门通向走道。门上挂多层黑布帘，防蝇外逃。育蛆房内四周应设小水沟防蚂蚁入侵并可调节温度。室温超过35℃时应降温，以免蛆骚动外逃。用人粪、猪粪、鸡粪或混合粪等60%～70%，麸皮25%～35%，粗糠5%（有利于透气），加洗碗水或水配成含水量为65（pH 6.5～7.0）的养育料。每千克养育料接蝇卵1克，按此比例将蝇卵均匀撒在育蛆盆养育料面上。第二天（8～12小时后）即孵化成蛆（彩图22）。此后渐降料温，保持内湿外干，使蛆不外爬，收集时也易分离。5天后蛆变黄时即可收集。利用其怕光特性，置蛆盆于强光下，不断扒动育料表层，使蛆下钻，取去表层料再扒，直至蛆全部钻至底层，将部分蛆及附着的底料直接喂鱼，剩余部分洗净烘干磨粉储存备做冬季饲料，一般占总投饲量的5%。

4. 黄粉虫

黄粉虫（彩图 23）是一种软体昆虫，俗称面包虫，粉甲虫属。养虫容器用盆、缸、木盒、纸盒、砖池均可，但内壁要光滑，深度 15 厘米以上，以防成虫外逃。方法是先在容器里放上细麸皮和其他饲料，再将黄粉虫幼虫放入，盖上菜叶，让幼虫生活在麸皮、菜叶之间。投料比例为每千克虫体放麸皮和菜叶各 1 千克。平时要经常检查，及时添补麦麸、米糠、饼粉、玉米面、胡萝卜片、青菜叶等饲料，也可添加适量鱼粉。在饲养过程中，卵的孵化以及幼虫、蛹、成虫要分开饲养。黄粉虫是变温动物，其生长、繁殖周期与外界温度、湿度密切相关。

第四节　病害的防治

一、疾病发生的主要原因

鲇类疾病发生的原因基本上可以归结以下几方面。

1. 病原侵害

病原就是致病的生物，包括病毒、细菌、真菌等微生物和寄生虫原生动物等。

2. 非正常的环境因素

养殖水域的温度、盐度、溶氧量、酸碱度、光照等理化因素的变动，或污染物质等超越了养殖动物所能忍受的临界限度就能致病。

3. 营养不良

投喂饲料不能满足养殖动物时，饲养动物往往生长缓慢或停止、抗病力降低，严重时就会出现明显的症状甚至死亡，营养物质最易缺乏的是维生素、矿物质、氨基酸等。腐败变质的饲料也是致病的重要原因。

4. 机械损伤

在捕捞、运输和饲养管理过程中，由于工具不适宜或操作不小心，使饲养动物身体受到摩擦或碰撞而受伤。受伤处组织受损，或体液流失，引起各种生理障碍以致死亡。同时，伤口又是各种病原微生物侵入的途径。

二、疾病的综合预防措施

由于鲇类生病后，早期诊断困难，给药的方式也不如陆生动物那么简单，计量很难准确。对患病动物拌料口服，仅适用于尚未丧失食欲的群体；对养殖水体用药，如全池泼洒和浸泡法，仅适用于小面积水体；而且治病药物多数具有一定的毒性，水体中有大量浮游生物存在，往往在泼药后，大批的浮游生物被杀死并腐烂分解，引起水质的突然恶化，可能会发生全池动物死亡的事故。因此，对于鲇鱼疾病的防疫应坚持“防重于治、无病先防、有病早治”的方针，积极开展综合防治，具体措施主要有下列几方面：

1. 彻底清池

池塘是养殖动物栖息生活的场所，同时也是各种病原微生物潜藏和繁殖的地方，池塘环境清洁与否，直接影响到养殖动物的生长和健康。因此，彻底清池是预防和减少流行病暴发的重要环节。清池包括清除池底污泥和池塘消毒两个内容。

2. 保持适宜的水深和优良的水质及水色

①水深的调节，在养殖前期，因养殖动物个体小，水温较低，池水宜浅些，有利于水温回升和饵料生物的生长繁殖，以后随着养殖动物个体长大和水温回升，应逐渐加深池水，到夏、秋季高温季节水深最好 1.5 米以上；②水色的调节，水色以淡黄色、淡褐色、黄绿色为好，这些水色一般以硅藻为主。淡绿色或绿色以绿藻为主，也还适宜；③换水，换水是保持优良水质和水色的最好办法，但要适时适量才有利于鱼类的健康和生长。

3. 培育和放养健壮苗种

苗种生产期应重点做好以下几点：①选用经检疫不带传染病病原的亲本，亲本投入产卵池前，浸泡消毒，受精卵移入孵化培育池前也需消毒；②切忌高温育苗和滥用药物；③若投喂动物性饲料应先检测和消毒，并保证鲜活，不投喂变质腐败的饲料。

三、常用药物

（一）抗菌药

抗菌药是指用来治疗细菌性传染病的一类药物，它对病原菌具有抑制或杀灭作用。抗菌药从来源上看，可以分为：①抗生素，是微生物产生的天然物质，对其他细菌等微生物有抑制或杀灭作用，如青霉素、庆大霉素、四环素等；②半合成抗生素，以抗生素为基础，对其化学结构进行改造而获得的抗菌药，如氨苄西林、阿米卡星、多西环素、利福平等；③完全由人工合成的抗菌药，如喹诺酮类、磺胺类药物等。

1. 土霉素

土霉素为淡黄色粉末至黄色结晶粉或无定形粉末，无臭，味苦，难溶于水。本品是广谱抗生素，对立克次体、革兰氏阳性菌、革兰氏阴性菌、原虫均有效。低浓度抑菌，高浓度杀菌。生产中可用于防治鲇鱼的细菌性烂鳃病、肠炎和细菌性败血症等细菌性疾病。目前，常见致病菌对本品耐药现象严重，金霉素、土霉素有交叉耐药性。内服治疗的剂量为每天每千克鱼 50～80 毫克，分 2 次投喂，连用 5～10 天。

2. 强力霉素（多西环素）

强力霉素盐酸盐为黄色结晶性粉末，无臭、味苦，在水或甲醇中易溶。强力霉素是一种长效、高效、广谱的半合成四环素类抗生素，抗菌谱与四环素、土霉素相似，但抗菌活性较四环素、土霉素强，微生物对本品与四环素、土霉素等有密切的交叉耐药性。强力霉素内服吸收良好，有效血药浓度维持时间较长。内服治疗的剂量为每天每千克鱼 30～50 毫克，分 2 次投喂，连用3～5 天。本品有吸湿性，应遮光、密封保存于干燥处。

3. 氟苯尼考（氟甲砜霉素）

氟苯尼考为白色或类白色结晶性粉末，无臭，微溶于水。氟甲砜霉素为动物专用的广谱抗生素，主要用于防治鱼类由气单胞菌、假单胞菌、弧菌、屈挠杆菌和爱德华菌等细菌引起的疾病。本品是甲砜霉素的氟衍生物，抗菌谱和甲砜霉素基本相同。内服治疗的剂量为每天每千克鱼 10～20 毫克，分 2 次投喂，连用 3～5 天。本品不良反应较少，但有胚胎毒性。

4. 诺氟沙星（氟哌酸）

诺氟沙星为类白色至淡黄色结晶性粉末，无臭，味微苦，在水或乙醚中极微溶解。本品为第一个上市的第三代含氟喹诺酮类抗菌药物，能迅速抑制细菌的生长、繁殖和杀灭细菌，且对细胞壁有很强的渗透作用，因而其杀菌作用更加增强。不易产生耐药性，与同类药物之间不存在交叉耐药性。水产动物疾病防治中主要用于防治鱼类的细菌性疾病。烂鳃病用于防治鱼类由气单胞菌、假单胞菌、弧菌、屈挠杆菌和爱德华菌等细菌引起的疾病。内服治疗的剂量为每天每千克鱼 20～50 毫克，分 2 次投喂，连用 3～5 天。本品禁与利福平配伍。

5. 恩诺沙星

恩诺沙星为微黄色或类白色结晶性粉末，无臭，味微苦，易溶于碱性溶液，在水、甲醇中微溶。本品为合成的第三代喹诺酮类抗菌药物，又名乙基环丙沙星，为动物专用喹诺酮类抗菌药物，具有广谱抗菌活性、具有很强的渗透性，对革兰氏阴性菌和革兰氏阳性菌都有很强的杀灭作用，与其他抗生素无交叉耐药性。对气单胞菌、弧菌、屈挠杆菌、弧菌和爱德华菌等水生动物致病菌都具有较强的抑菌作用。内服治疗的剂量为每天每千克鱼 20～40 毫克，分 2 次投喂，连用 3～5 天。禁与利福平配伍。

6. 沙拉沙星

沙拉沙星为类白色或淡黄色结晶性粉末，无臭，味微苦，在水或乙醇中极微溶解。为动物专用第三代氟喹诺酮类广谱抗菌药物，目前国内开发应用的主要是其盐酸盐，即盐酸沙拉沙星。盐酸沙拉沙星具有很强的杀菌力，其杀菌作用不受细菌生长期的影响，同时还具有极广的抗菌谱，对革兰氏阴性菌、革兰氏阳性菌及支原体均具较好抗菌活性。对水产动物多种细菌性疾病具有良好的防治效果。内服治疗的剂量为每天每千克鱼 20～40 毫克，分 2 次投喂，连用 3～5 天。

7. 磺胺甲噁唑（新诺明）

磺胺甲噁唑为白色结晶性粉末，无臭，味微苦，在水中几乎不溶。磺胺甲噁唑的抗菌谱与磺胺嘧啶（SD）相似，但抗菌作用较强。大剂量使用时应与增效剂碳酸氢钠合用，其抗菌效能有明显增强，可增加数倍至数十倍，疗效近似四环素和氨苄西林等，应用范围也相应扩大。本品半衰期为 11 小时，为中效磺胺。主要用于治疗水产动物的细菌性疾病，如鱼类气单胞菌病、爱德华菌病、弧菌病、屈挠杆菌病、巴斯德菌病和链球菌病等细菌性疾病。内服治疗的剂量为每天每千克鱼 100～200 毫克，分 2 次投喂，连用 5～7 天。

8. 磺胺间甲氧嘧啶（磺胺-6-甲氧嘧啶）

磺胺间甲氧嘧啶为白色或类白色结晶性粉末，无臭，几乎无味，在水中不溶。本品为一种较新的磺胺药。抗菌作用强，与磺胺甲噁唑同。本品内服吸收效果好，在血中浓度高。可用于防治气单胞菌病、爱德华菌病、弧菌病、屈挠杆菌病等引起的疾病。内服治疗的剂量为每天每千克鱼 100～200 毫克，分 2 次投喂，连用 5～7 天。

9. 痢菌净（乙酰甲喹）

痢菌净为鲜黄色结晶或黄色粉末，无臭，味微苦，溶于氯仿、苯、丙酮，微溶于甲醇、乙醚和水。本品是国内合成的卡巴氧类似物，具有广谱抗菌作用，对革兰氏阴性菌的作用强于革兰氏阳性菌，其抗菌机理是抑制 DNA 合成。水产动物疾病防治中主要用于治疗细菌性肠炎。内服治疗的剂量为每千克鱼 10～20 毫克/天，分 2 次投喂，连用 3～5 天。

10. 盐酸小檗碱（盐酸黄连素）

盐酸小檗碱，为黄色结晶性粉末，无臭，味极苦，微溶水和乙醇。本品抗菌谱广，对多种革兰氏阳性菌及革兰氏阴性菌均有抑菌作用。对水产动物多种细菌性疾病具有良好的防治效果。内服治疗的剂量为每天每千克鱼15～30毫克，分2次投喂，连用3～5天。

（二）环境改良与消毒药

环境改良与消毒药是指能用于调节养殖水体水质、改善水产养殖环境，去除养殖水体中有害物质和杀灭水体中病原微生物的一类药物。

1. 漂白粉

漂白粉为白色颗粒状粉末，主要成分是次氯酸钙，有氯臭，含有效氯25%～32%，能溶于水，溶液混浊，有大量沉渣。稳定性较差，遇日光、热、潮湿等分解加快。漂白粉是目前水产养殖使用较为广泛的消毒剂和水质改良剂，在水产养殖中主要用于清塘、水体消毒、鱼体消毒和工具的消毒等。漂白粉溶于水后产生次氯酸和次氯酸根，次氯酸又可放出活性氯和初生态氧。从而对细菌、病毒、真菌孢子及细菌芽孢有不同程度的杀灭作用。清塘消毒：干池清塘，漂白粉用量为每667米^{2}15千克；带水清塘，用20克/米^{3}全池遍洒。在疾病流行季节（4—10月），全池泼洒1～2克/米^{3}的漂白粉可预防细菌性疾病。市售漂白粉含有效氯一般25%～32%，若含量低于15%则不能使用。

2. 三氯异氰尿酸

三氯异氰尿酸，又称强氯精、漂白精、鱼安，白色粉末，有微臭，有效氯含量在80%以上，遇水、稀酸或碱都分解成异氰尿酸和次氯酸，并释放出游离氯，其水溶液呈酸性。三氯异氰尿酸为广谱杀菌消毒剂，其杀菌力为漂白粉的100倍。在水产养殖上主要用于水体消毒、养殖场所消毒、工具等的消毒，并可防治多种细菌性疾病。带水清塘：三氯异氰尿酸全池遍洒，水体中药物浓度为5～10克/米^3，可杀死池中的野杂鱼、螺蛳、蚌和水生昆虫等。使用本品5天后药效基本消失，可放鱼饲养。全池遍洒的药物浓度为0.1～0.3克/米^3，连用2天，对细菌性疾病有较好的防治效果。

3. 二氧化氯

二氧化氯为广谱杀菌消毒剂、水质净化剂。二氧化氯具有极强的氧化作用，能使微生物蛋白质中的氨基酸氧化分解，达到灭菌的目的。其杀菌作用很强，在 pH 为 7 的水中，不到 0.7 克/米^3 的剂量 5 分钟内能杀灭一般肠道细菌等致病菌。在 pH 6～10，其杀菌效果不受 pH 变化的影响；受有机物的影响甚微，对人、畜、鱼无害；对鱼、虾无刺激性，不影响鱼虾的正常摄食。在水产养殖上主要用于杀灭细菌、芽孢、病毒、原虫和藻类。水体消毒时，一般使用剂量为0.1～0.2 克/米^3 的浓度全池遍洒。鱼种消毒使用浓度为 0.2 克/米^3，浸洗 5～10 分钟。

4. 聚维酮碘

聚维酮碘为黄棕色至红棕色无定形粉末，在水或乙醇中溶解，溶液呈红棕色，酸性。含有效碘（I）为 9%～12%。广谱消毒剂，对大部分细菌、真菌和病毒等均有不同程度的杀灭作用，主要用于鱼卵、鱼体消毒和一些病毒病的防治。全池遍洒浓度为0.1～0.3 克/米^3。浸浴浓度为 60 克/米^3 浸浴 15～20 分钟。

5. 戊二醛

市售戊二醛的含量为 25%～50%（质量/体积），是无色或淡黄色的油状液体。本品为强杀消毒药，在碱性水溶液（pH7.5～8.5）的杀菌作用较福尔马林强 2～10 倍，可杀灭细菌、芽孢、真菌和病毒，具有广谱、高效、速效和低毒等特点。浸浴剂量为 0.5%～2.0%，10～30 分钟，可较好杀灭体表的病毒、细菌等病原微生物。

6. 氧化钙（生石灰）

本品为白色或灰白色的硬块；无臭；易吸收水分，水溶液呈强碱性。在空气中能吸收二氧化碳，渐渐变成碳酸钙而失效。本品为良好的消毒剂和环境改良剂，还可清除敌害生物，对大多数繁殖型病原菌有较强的消毒作用。本品能提高水体碱度，调节池水 pH，能与铜、锌、铁、磷等结合而减轻水体毒性，中和池内酸度，增加二氧化碳，提高水生植物对磷的利用率，促进池底厌氧菌群对有机质的矿化和腐殖质分解，使水中悬浮的胶体颗粒沉淀，透明度增加，水质变肥，有利于浮游生物繁殖，保持水体良好的生态环境；可改良底质，提高池底的通透性，增加钙肥。带水清塘，一般水深1米用量75～400克/米^2。在疾病流行季节，每个月全池遍洒1～2次，用量为20～30克/米^3。

（三）杀虫药

1. 硫酸铜

硫酸铜，别名蓝矾、胆矾，为蓝色透明结晶性颗粒或结晶性粉末，可溶于水。对寄生于鱼体上的鞭毛虫、纤毛虫、斜管虫以及指环虫、三代虫等均有杀灭作用。杀虫机制是游离的铜离子能破坏虫体内的氧化还原酶系统（如巯基醇）的活性，阻碍虫体的代谢或与虫体的蛋白质结合成蛋白盐而起到杀灭作用。浸浴：水温15℃，8毫克/升，浸浴20～30分钟；全池泼洒：与硫酸亚铁合用（比例5∶2)，使水中硫酸铜浓度达到0.5毫克/升；单用硫酸铜，使水中浓度达到0.7毫克/升。该药药效与水温成正比，并与水中有机物和悬浮物量、盐度、pH成反比；该药安全浓度范围小，毒性较大，因此要准确计算用药量。

2. 敌百虫

本品为白色结晶，有芳香味，易溶于水及醇类、苯、甲苯、酮类和氯仿等有机溶剂。敌百虫是一种低毒、残留时间较短的杀虫药，不仅对消化道寄生虫有效，同时可用于防治体外寄生虫。其杀虫机理是通过抑制虫体胆碱酯酶活性，使胆碱酯酶减弱或失去水解破坏乙酰胆碱的能力，由于乙酰胆碱大量蓄积，使昆虫、甲壳类、蠕虫等的神经功能失常，而呈现先兴奋，后麻痹死亡。主要用于防治体外寄生虫病，如指环虫病、三代虫病、锚头鳋、中华鳋和鱼鲺等；同时也可内服驱杀肠内寄生的绦虫和棘头虫等，此外还可杀死对鱼苗、鱼卵有害的剑水蚤及水蜈蚣等。全池泼洒：2.5%粉剂使水体浓度达到1～4毫克/升或90%晶体和面碱合剂（1∶0.6)，使水体浓度达0.1～0.2毫克/升；浸浴：90%的晶体敌百虫5～10毫克/升浓度，浸泡10～20分钟。

3. 溴氰菊酯

本品为白色结晶粉末，难溶于水，易溶于丙酮、苯、二甲苯等有机溶剂，在酸、中性溶液中稳定，遇碱迅速分解。溴氰菊酯是一种拟除虫菊酯类杀虫剂，其杀虫机理是药物改变神经突触膜对离子的通透性，选择性地作用于膜上的钠通道，延迟通道活门的关闭，造成 Na^{+} 持续内流，引起过度兴奋，痉挛，最后麻痹而死。主要用于预防和治疗中华鳋、锚头鳋、鲺等甲壳类寄生虫疾病。全池遍洒：将2.5%的溴氰菊酯乳油充分稀释后，0.010～0.015毫升/米^{3}浓度全池均匀泼洒。

4. 吡喹酮

本品为白色或类白色结晶粉末，味苦，在氯仿中易溶，在乙醇中溶解，在乙醚和水中不溶。吡喹酮为广谱驱虫药物，其杀虫机理是通过破坏虫体表皮，影响虫体吸收与排泄功能，同时由于虫体表皮破坏，致使其体表抗原暴露，从而易遭受宿主免疫攻击，促使虫体死亡；另外由于虫体表膜去极化，皮层碱性磷酸酶活性明显降低，以致葡萄糖的摄取受阻，内源性糖原耗竭，而加速虫体死亡。主要用于绦虫病的防治。内服：每次每千克鱼48毫克，每间隔3～4天1次，连用2次。

5. 伊维菌素

本品为白色结晶性粉末，无味，在甲醇、乙醇、丙酮、醋酸乙酯中易溶，在水中几乎不溶。伊维菌素为新型广谱、高效、低毒抗生素类抗寄生虫药，对体内外寄生虫特别是线虫和节肢动物均有良好驱杀作用。但对绦虫、吸虫及原生动物无效。其驱杀虫体的机理是增加虫体的抑制性递质r-氨基丁酸（GABA）的释放，以及打开谷氨酸控制的 Cl^{-} 通道，增强神经膜对 Cl^{-} 的通透性，从而阻断神经信号的传递，最终神经麻痹，使肌肉细胞失去收缩能力，而导致虫体死亡。水产病害防治中主要用于驱杀鱼虾棘头虫、线虫、指环虫、三代虫等寄生虫。主要用于驱杀鱼虾棘头虫、指环虫、三代虫等蠕虫。全池泼洒：1.8%的伊维菌素溶液充分稀释后，在全池均匀泼洒，使水体中浓度达0.08毫升/米^3。

四、常用药物的使用方法

渔药的给药方法会影响水产动物对渔药吸收的速度、吸收量以及血药浓度，从而影响渔药作用的快慢与强弱，甚至会影响作用的性质。一般来说，制剂和剂型决定了给药方法。体外用药一般是发挥药物的局部作用，体内用药除了驱除肠内寄生虫和治疗由细菌导致的肠炎外，主要是发挥药物的吸收作用。

1. 内服法

将药物与饲料拌以黏合剂制成适口的颗粒药饵投喂，以杀灭体内的病原或增强抗病力的给药方法。一般来说，易被消化液破坏的渔药不宜口服，如链霉素等；当患病鱼食欲下降或丧失时，由于摄取药饵较少，渔药达不到理想防治效果；在饲料中添加抗生素类渔药或长期、大量投喂药饵，易产生耐药性；有些有异味的渔药内服，会影响鱼类的摄食而不能达到防治效果。

2. 药浴法

将渔药溶解于水中，使水产动物与含有药物的水溶液接触，以达到驱除体外病原的一种给药方法。渔药的水溶性、渗透性以及毒性通常会直接影响它的作用效果。该法主要有以下几种类型：

（1）**浸浴** 将鱼类集中在较小容器、较高浓度药液中进行短期强迫药浴，以杀灭体外病原的方法（彩图 24）。

（2）**遍洒** 将药液全池遍洒，使池水达到一定浓度，杀灭体外及池水中的病原的方法（彩图 25）。

（3）**挂袋** 在食场周围悬挂盛药的袋或篓，形成一消毒区，当水产动物来摄食时达到消灭体外病原的目的的给药方法（彩图 26）。

3. 注射法

将高浓度的药液注入鱼体内，使其通过血液（体液）循环迅速达到用药部位，以控制水产动物疾病的方法（图 3-11）。常用有腹腔注射、肌内注射及皮下注射。一般来说肌内注射比皮下注射吸收快，但皮下注射药效久；腹腔注射吸收速度快，效果好，但有些刺激性的渔药会对鱼类产生不良效果，对这类渔药不宜采用这种注射方式。

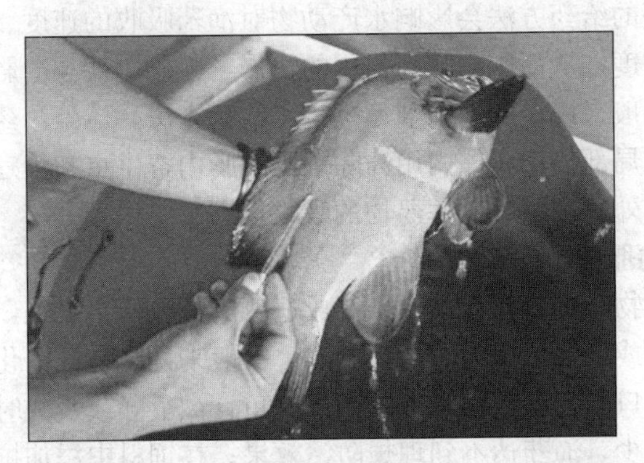

图 3-11　注射法

4. 涂抹法

将较浓的药液（药膏）涂抹在患病鱼类体表处以杀灭病原的方法。使用涂抹法时，应防止药液（药膏）流入鳃、口等对渔药敏感部位（图 3-12）。此外，渔药的渗透性、药液（药膏）涂抹鱼体后离水放置的时间以及涂抹的操作对其药效作用有较大的影响。

图 3-12　涂抹法

五、鱼病诊断方法

（一）现场调查

1. 调查发病环境和发病史

（1）调查养鱼环境　通过调查水源情况、工厂情况、电力配套情况等，确定该环境是否适合水产养殖。

（2）调查养鱼史和发病史　了解养殖年限，如新塘发生传染病的机会小，但发生弯体病的机会较大；了解最近几年发生过什么水产动物疾病，对采取过哪些措施，效果如何等进行较为详细的调查，为疾病的临床诊断奠定基础。

2. 调查水质情况

（1）水温　水温的高低，直接影响鱼类的生长与生存，鲇类属于温水性鱼类，适宜水温为 15～25℃。在水温达到 25℃以上时，一些病毒与细菌的毒力明显增强，而 20℃以下则较少发生，但也有一些疾病在温度较低时发生，如小瓜虫病则在水温 15～20℃时发生流行，温度超过 25℃时，流行终止。另外，在鱼苗下塘时，要求池水温度相差不超过 2℃，鱼种不超过 4℃，如果温差过大会引起大量死亡。

（2）水色和透明度　养鱼水体的水色和透明度与水质的好坏、鱼病的发生有着密切的关系。

（3）pH　鱼类能够安全生活的 pH 范围是 6～9。pH 高限为 9.5～10.0，低限为 4～5。

（4）溶氧量　在成鱼阶段可允许溶氧量为 3 毫克/升，当溶氧量降到 2 毫克/升以下时就会发生轻度浮头，降到 0.6～0.8 毫克/升时严重浮头，而降到 0.3～0.4 毫克/升时就开始死亡。

（5）水的化学性质　如硫化氢、氨氮和亚硝酸盐含量等都是引起水生动物发病的重要原因。

3. 调查饲养管理情况

鱼发病常与饲养管理不善有关。如放养密度、鱼种来源（是否疫源地)、饲料质量、施肥情况、操作情况等进行了解。

4. 调查养殖动物的异常表现

调查养殖动物的死亡数量、死亡种类、死亡速度、发病鱼类的活动状况等。

(二)肉眼检查

1. 体表的检查

对刚死不久或未死亡的病鱼的体色、体型和头部、嘴、眼睛、鳃盖、鳞片、鳍条等仔细观察(彩图27)。

2. 鳃的检查

肉眼对病鱼鳃部的检查,重点检查鳃丝,检查鳃片的颜色是否正常,黏液是否增多,鳃丝是否有腐烂和异物附着等(彩图28)。

3. 内脏的检查

(1)鱼类的解剖方法 用左手将鱼握住(如果是比较小的鱼,可在解剖盘上用粗硬镊子把鱼夹住进行解剖),使腹面向上,右手用剪刀的一支向肛门插入,先从腹面中线偏向准备剪开的一边腹壁,向横侧剪开少许,然后沿腹部中线一直剪至口的后缘。剪的时候,要将插入里面的一支剪尖稍为向上翘起,避免将腹腔里面的肠或其他器官剪破。沿腹线剪开之后,再将剪刀移至肛门,朝向侧线,沿体腔的后边剪断,再与侧线平行地向前一直剪到鳃盖的后缘,剪断其下垂的肩带骨,然后再向下剪开鳃腔膜,直到腹面的切口,将整块体壁剪下,体腔里的器官即可显露出来(彩图29)。

(2)检查顺序 当把鱼解剖开后,不要急于把内脏取出或弄乱,首先要仔细观察显露出来的器官,有无可疑的病象,同时注意肠壁上、脂肪组织、肝脏、胆囊、脾、鳔等有无寄生虫。肉眼检查内脏,主要以肠道为主。首先观察是否有腹水和肉眼可见的大型寄生虫;其次仔细观察有无异常现象;最后用剪刀从靠咽喉部位的前肠和靠肛门部位的后肠剪断,把肝、胆、鳔等器官逐个分开。先观察肠外壁，再把肠道从前肠至后肠剪开，分成前、中、后3段。检查肠时，要注意观察内容物的有无与性状等。

（三）镜检

用显微镜、解剖镜或放大镜检查病鱼组织、器官或病理性产物的过程，称为镜检（图3-13）。检查比较大的病原，如蠕虫、软体动物幼虫、寄生甲壳动物等宜用放大镜或解剖镜；检查比较小的寄生虫，甚至细菌，则需用显微镜。通常镜检的方法有玻片压缩法和载玻片法2种。

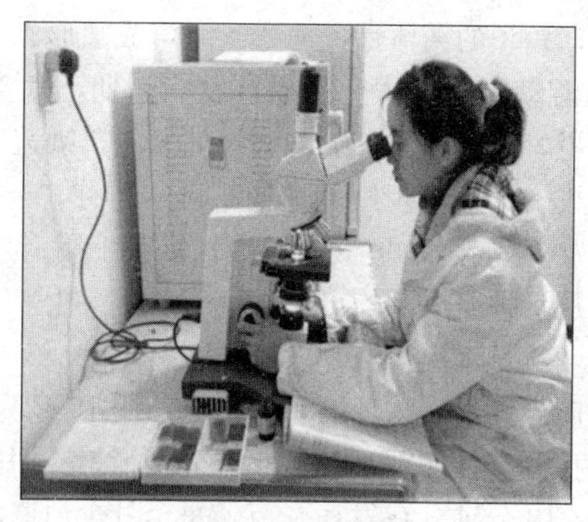

图3-13　镜　检

1. 玻片压缩法

玻片压缩法是将要待检查的器官或组织的一部分，或将体表刮下的黏液、肠道中取出的内含物等，放在载玻片上，滴加适量的清水或生理盐水，再用另一块载玻片轻轻压成透明的薄层，然后放在低倍显微镜或解剖镜下观察。

2. 载玻片法

载玻片法是用小剪刀或镊子取一小块组织或一小滴内含物放在一干净的载玻片上，滴加一小滴清水或生理盐水，盖上干净的盖玻片，轻轻地压平后先用低倍镜观察，若发现有寄生虫或可疑现象，再用高倍镜观察。

六、鲇鱼常见疾病的防治

（一）细菌病

1. 细菌性烂鳃病

细菌性烂鳃病是一种严重危害鲇鱼的常见病和多发病，是由柱状黄杆菌（国内曾称为鱼害黏球菌）感染而引起的细菌性传染病。该菌菌体细长，两端钝圆，粗细基本一致。菌体长短很不一致，大多长2～24微米，最长的可达37微米以上，宽0.8微米。较短的菌体通常较直，较长的菌体稍弯曲，有时弯成圆形、半圆形、V形或Y形。病鱼游动缓慢，体色变黑，发病初期，鳃盖骨的内表皮往往充血、糜烂，鳃丝肿胀。随着病程的发展，鳃盖内表皮腐烂加剧，甚至腐蚀成一圆形不规则的透明小区，俗称“开天窗”（彩图30）。鳃丝末端严重腐烂，呈“刷把”样，其上附有较多污泥和杂物碎屑。该病从鱼种至成鱼均可受害，一般流行于4—10月，尤以夏季流行为盛，流行水温15～30℃。

预防本病应做到彻底清塘，鱼种下塘前用10毫克/升的漂白粉或15～20毫克/升高锰酸钾，药浴15～30分钟，或用2%～4%食盐溶液药浴5～10分钟。在发病季节，每个月全池遍洒生石灰15～20毫克/升1～2次。养殖期内，每半个月全池泼洒二氯异氰尿酸钠或三氯异氰尿酸0.3～0.5毫克/升，或二氧化氯0.1～0.2毫克/升。

该病发生时，可采用药物泼洒和拌饲投喂的方式配合进行治疗。氟哌酸每天按10～30毫克/千克拌饲投喂，连喂3～5天；或磺胺-2，6-二甲嘧啶每天100～200毫克/千克、磺胺-6-甲氧嘧啶每天100～200毫克/千克拌饲投喂，连喂5～7天。

2. 细菌性败血症

细菌性败血症又称细菌性出血病、腹水病等，是引起鱼类严重死亡的一种暴发性疾病。到目前为止，报道的能引起细菌性败血症的病原很多，但报道最多的为嗜水气单胞菌，除此之外，温和气单胞菌、鲁氏耶尔森菌、维氏气单胞菌等病原菌也可引起。病鱼以腹部和头部出血最为严重；病鱼眼球凸出，肛门红肿，腹部膨大；剖开腹腔后可见大量清澈或带血腹水流出。肝、脾、肾肿大，严重出血，肠道黏膜出血，发红，呈严重肠炎表现（彩图 31）。该病流行时间为 3—11 月，高峰期常为 5—9 月，水温 9～36℃均有流行。从夏花鱼种到成鱼均可感染，发病严重的养鱼场发病率高达 100%，死亡率高达 95%以上。

预防该病时，要加强池塘消毒，做好日常管理。冬季干塘彻底清淤，并用生石灰或漂白粉彻底消毒，以改善水体生态环境。鱼种下塘前用 15～20 毫克/升高锰酸钾水溶液药浴 10～30 分钟。流行季节，用生石灰浓度为 20～30 毫克/升化浆全池泼洒，每半个月 1 次，以调节水质。用漂白粉精 0.2～0.3 毫克/升或二氯海因 0.2～0.3 毫克/升等氯制剂定期全池泼洒。加强日常饲养管理，正确掌握投饲技术，不投喂变质饲料，提高鱼体抗病力。

该病发生时，可采用药物泼洒和拌饲投喂的方式配合进行治疗。拌饲投喂，恩诺沙星每天每千克鱼 30～50 毫克或氟苯尼考每天每千克鱼 10～20 毫克，连用 3～5 天。

3. 细菌性肠炎病

细菌性肠炎是由肠型点状气单胞菌感染引起的一种鱼类常见消化道疾病。肠型点状气单胞菌为一种革兰氏阴性短杆菌，该菌两端钝圆，单个或两个相连，极端鞭毛，有运动力，无芽孢。在 R-S 培养基上呈黄色。流行时间为 4—10 月，水温在 18℃以上开始流行，流行高峰为水温 25～30℃，一般死亡率在 50%～90%，全国各养鱼地区均有发生。水质恶化、溶氧量低、氨氮高、饲料变质、吃食不均等是本病发生的重要诱因，且常与细菌性烂鳃病并发。病鱼游动缓慢，体色发黑，食欲减退甚至丧失，腹部膨大，呈现红斑，肛门红肿外凸似火山口，轻压腹部，有黄色黏液或血脓从肛门处流出（彩图 32）。有的病鱼仅将头部拎起，即有黄色黏液从肛门流出。剖开腹腔，可见腹腔积水，肠壁充血发炎，尤其以后肠段明显，肠腔内没有食物或只在肠的后段有少量食物，肠内有较多黄色或黄红色黏液，严重的病例还可见肝脏有红色斑点状出血。

严格执行“四消、四定”措施。投喂新鲜饲料，不喂变质饲料，是预防此病的关键。发病季节，每隔半个月，用漂白粉或生石灰在食场周围或全池泼洒消毒。或聚维酮碘溶液（含有效碘1%），1次量，每立方米水体1～2克，全池泼洒，在疾病流行季节每15天1次。拌饲投喂大蒜，每千克鱼5克，连喂7～10天或大蒜素，每千克鱼50～80毫克，连喂3天。或拌饲投喂氟哌酸，每千克鱼10～30毫克，连喂3～5天。

4. 体表溃疡病

体表溃疡病是以体表出现大小不等的溃疡为特征的危害多种水生动物的常见疾病（彩图33、彩图34）。目前已报道的溃疡病病原主要有嗜水气单胞菌、温和气单胞菌和豚鼠气单胞菌等。可危害多种养殖品种，尤其对南方鲇、斑点叉尾鮰、乌鳢等危害较大。水温在15℃以上开始流行，发病高峰是5—6月；外伤是调病发生的一重要诱因。疾病初期，病鱼体表部分区域颜色变淡，呈近圆形或不规则形褪色，褪色部位的周围可能伴随出现明显的充血、出血。随着病程的发展，病灶处的鳞片脱落，表皮坏死、脱落，露出皮下肌肉，严重的肌肉层严重坏死，形成深浅不一的溃疡，部分病例溃疡极深，露出骨骼和内脏，病鱼最终衰竭而死亡。

加强综合防治措施，实施健康养殖，流行季节定期全池泼洒二氯异氰尿酸钠或三氯异氰尿酸，每立方米水体0.3～0.5克，或二氧化氯、溴氯海因，每立方米水体0.1～0.2克。

治疗：拌饲投喂病原敏感性药物，如脱氧土霉素，每千克鱼30～50毫克，或氟苯尼考，每千克鱼10～20毫克，连用3～5天。

5. 弧菌病

该病是近年发生的一种严重危害南方鲇、斑点叉尾鮰和黄颡鱼的细菌性暴发性传染病。其病原为拟态弧菌，该菌广泛存在于淡水、咸淡水、海水、沼泽等环境。主要流行于6—9月，患病鱼主要表现为食欲下降，甚至丧失，突然发生死亡，死亡率往往达

80%～100%。病鱼鳃丝充血、出血，部分鱼出现烂鳃现象，体表出现白色方形褪色斑，臀鳍与尾鳍基部出血，随病程发展皮肤破溃，露出其下坏死肌肉，形成方形溃疡（彩图 35），常见于背部、鳍部与腹部。剖解见肝肿大，斑点状出血，脾、肾肿大，呈暗红色，部分病鱼腹腔内可见少量淡黄色腹水（彩图 36）。

水质不良、高密度饲养是本病发生的重要诱因，因此，在流行季节的日常管理中应加强水质调控，控制养殖密度，定期全池泼洒三氯异氰尿酸，每立方米水体 0.3～0.5 克，或二氧化氯、溴氯海因，每立方米水体 0.1～0.2 克。

治疗方法：拌饲投喂病原敏感性药物，如脱氧土霉素，每千克鱼30～50 毫克，或恩诺沙星，每千克鱼 30～50 毫克，连用 5～7 天。

（二）寄生虫病

1. 锥体虫病

锥体虫是鱼体血液中寄生的一种鞭毛虫，它可能通过水蛭寄生在鱼的体表和鳃瓣上吸血而传染（彩图 37）。一年四季均有发现，尤以夏、秋两季较普遍。锥体虫寄生在鱼类的血液中，以渗透方式获取营养。虫体生活史包括 2 个宿主，脊椎动物如鱼类等为终末宿主，节肢动物或水蛭类等无脊椎动物为中间宿主。通常看不出什么症状，严重感染时，可使鱼体虚弱、消瘦，出现贫血，而引起死亡。

目前，对该病的控制主要是通过杀灭水蛭等中间宿主，以阻断感染途径。水蛭是锥体虫的传播媒介，可用盐水或硫酸铜浸洗，或用敌百虫毒杀。

2. 小瓜虫病

小瓜虫病主要是由多子小瓜虫寄生于鱼的皮肤或鳃引起的一种纤毛虫病（彩图 38、彩图 39）。多子小瓜虫的成虫卵呈圆形或球形，全身密布短而均匀的纤毛，体内有一马蹄形或香肠形大核。幼虫呈卵形或椭圆形，全身有等长的纤毛，后端有 1 根长而粗的尾毛。小瓜虫的繁殖适宜温度15～25℃，流行季节一般为初冬、春末。该病主要侵袭鱼的皮肤鳍条或鳃瓣，肉眼可见寄生部位布满白色点状的囊泡，故称“白点病”。随着病情的加重，患病鱼体表分泌出大量黏液，表皮糜烂、脱落，甚至伴有蛀鳍、瞎眼等病变而死亡。

彻底清塘除淤，加强饲养管理，保持良好环境，增强鱼体抵抗力，是预防该病的关键。

目前该病的治疗十分困难，但采用以下方法防治具有一定的效果：青蒿末，每千克鱼0.3～0.4克，拌饲投喂，连用5～7天；或亚甲基蓝，一次量，每升水体2毫克，全池泼洒，1天1次，连用2～3天；或辣椒粉和生姜，每升水体0.8～1.2毫克和1.5～2.2毫克，加水煮沸30分钟后，连渣带汁全池泼洒，1天1次，连用3～4天。

3. 指环虫病

指环虫病是指环虫属的一些种类寄生于鱼的皮肤和鳃而引起的疾病。虫体头部分为4叶，咽两侧有2对眼点，虫体后端为一盘状的固着器，边缘有7对小钩，中央有1对锚状大钩（彩图40、彩图41）。幼虫身上有纤毛5簇，具4个眼点和小钩。指环虫病是鱼苗、鱼种常见的寄生虫病，流行于春末夏初，适宜温度为20～25℃。大量寄生可使苗种大批死亡。患病鱼瘦弱，游动无力，浮于水面。虫体借助于固着器上的中央大钩和边缘小钩寄生在鳃上时，导致鳃黏液分泌异常增多，鳃丝肿胀，鳃盖张开，病鱼表现为呼吸困难而发生死亡；寄生在体表时，黏液分泌增多，并出现充血与出血斑。

鱼种放养前的消毒是预防该病发生的关键，可用高锰酸钾，每立方米水体15～20克，浸浴15～30分钟。该病发生时，可用90%晶体敌百虫，每立方米水体0.2～0.3克，全池遍洒；或2.5%敌百虫粉剂，每立方米水体1～2克，全池遍洒。

4. 锚头鳋病

锚头鳋病是由锚头鳋科的一些种类寄生引起的鱼病（彩图42）。

锚头鳋虫体细长，体节融合成筒状，头胸部长出头角，形似铁锚，胸部细长，自前向后逐步扩宽，分节不明显，每节间有 1 对双肢型游泳足。锚头鳋在水温 12～33℃都可以繁殖，当有 4～5 只虫寄生时，即能引起病鱼死亡；对 2 龄以上的鱼一般虽不引起大量死亡，但影响鱼体生长、繁殖及商品价值。锚头鳋以头胸部插入寄主的肌肉与鳞片下，而胸腹部则裸露于鱼体之外，在寄生部位可见针状虫体。病鱼通常呈烦躁不安、食欲减退、行动迟缓、身体瘦弱等病态。大量锚头鳋寄生，虫体老化时，虫体上布满藻类和固着类原生动物，鱼体犹如披着蓑衣，故又称“蓑衣虫病”。寄生处，周围组织充血发炎。寄生于口腔内时，可引起口腔不能关闭，而不能摄食（彩图 43）。

防治该病可用 90％晶体敌百虫，每立方米水体 0.3～0.7 克，全池泼洒；或 4.5％的氯氰菊酯，每立方米水体 0.015～0.02 毫升，稀释2 000～3 000倍后，全池泼洒。

第四章　鲇类养殖实例

一、南方鲇池塘底排污生态高效养殖实例

（一）基本信息

四川省成都市天府新区永兴镇丹土村养殖户李成龙，自 1982 年从事水产养殖，至今已有 32 年，由个体单干，逐步带领周边养殖户发展壮大，2007 年成立永兴渔业养殖专业合作社并任社长，后成立永兴渔业协会并任会长。2000 年被评为双流县和成都市“营销大户”荣誉称号，2004 年被评为“成都市劳动模范”。自身拥有池塘 17 口，46 690 $米^2$，土塘，水源为东风渠水和地下井水，南方鲇养殖也有 18 年历史。2012 年 7 月，中国中央电视台军事·农业频道《科技苑》栏目对该合作社的特色南方鲇养殖技术进行了专题跟踪报道。

为促进渔业养殖产业的持续有效发展，2013 年采用通威股份有限公司实用新型专利“一种池塘养殖底排污水系统”对 1 口池塘进行了底排污改造，通过在传统养殖池塘中建立底排污系统，排出养殖过程中产生的残饵粪便等污物，再通过分离池沉淀，上清液排入鱼菜共生养殖池塘，作为蔬菜生长的营养源（图 4-1）。改造后的池塘与未改造池塘进行了南方鲇养殖对比试验，结果显示：底排污系统可防止养殖的内源性和外源性污染，保护养殖池塘环境和周边环境，还节约养殖用水量。该技术在水产养殖业界引起强烈反响，并获得中国中央电视台“2013 年度三农人物”奖项。

（二）放养和收获情况

（1）池塘条件及设施配置　详见表 4-1 和彩图 44。

图 4-1　底排污池塘排污口

表 4-1　池塘底排污生态高效养殖南方鲇池塘条件及设施

池塘	面积（$米^2$）	水深（米）	渔业设施配置
底排污模式塘	1 667.5	1	1台1.5千瓦叶轮式增氧机，1台0.75千瓦涌浪机，1台自动投饵机
传统养殖模式塘	1 734.2	0.9	1台1.5千瓦叶轮式增氧机，1台0.75千瓦涌浪机，1台自动投饵机

（2）放养及收获　2013年4月放苗，9月收获，两口池塘投喂同一种鲇类专用配合饲料（粗蛋白质含量为40%），2个池塘均套养适量草鱼和鳙，详见表4-2和图4-2～图4-4。

管理关键点描述：苗种放养前7天，全池施漂白粉干法清塘，每667$米^2$10千克，放苗前3天注满水。苗种入池前经3%～5%食盐水消毒。按照“四定”原则，每天投喂2次，时间分别为07：00和18：00。日投饲量为鱼体重量的3%～5%。每天中午开增氧机1～2小时，22：00后开增氧机，根据水位、水质情况适量加水或换水。每2～3天当沉积物积累后排污一次，让污物流进沉淀池，沉淀1天后将上清液直接排入水生蔬菜种植池塘做蔬菜营养源，通

表 4-2　池塘底排污生态高效养殖南方鲇放养及收获情况

池塘	面积（米²）	放养			收获			
		品种	规格（克/尾）	每 667 米² 放养量（尾）	平均规格（克/尾）	总产（千克）	每 667 米² 产量（千克）	饲料系数
底排污模式塘	1 667.5	南方鲇	19.6	1 510	1 293.3	3 222.9	1 289.1	0.91
传统养殖模式塘	1 734.2	南方鲇	50.3	1 535	898.7	2 301.7	885.3	1.48

图 4-2　南方鲇池塘底排污生态高效养殖现场

图 4-3　南方鲇池塘底排污生态高效养殖收获现场

图 4-4 池塘底排污发明人吴宗文老师讲解南方鲇健康状况

过蔬菜吸收水体中的氮磷等营养物质，达到净化水质的目的。

从记录的水质指标来看，底排污池塘溶解氧、氨氮、亚硝酸盐、pH 等指标均在合格范围。溶氧量基本在 4 毫克/升左右，氨氮水平处于 0.1 毫克/升以下，亚硝酸盐水平处于 0.1 毫克/升以下，低于鱼类养殖安全浓度的 0.2 毫克/升。pH 处于 7.0～8.5，属于正常范围。而传统养殖池塘溶氧量常低于底排污塘，氨氮水平处于 0.3 毫克/升以上，超出正常范围，亚硝酸盐水平时高时低。

（三）养殖效益分析

详见表 4-3。

近年南方鲇 0.5 千克鱼养殖成本基本上在 6.0～6.5 元，能否盈利主要取决于上市鱼价，从表 4-3 可知，底排污模式养殖塘和传统养殖模式池塘 0.5 千克鱼养殖成本分别为 5.5 元和 7.2 元，终端鱼价不太理想的情况下，传统养殖模式很难盈利，而底排污养殖模式却仍获得了较好盈利。

表 4-3 池塘底排污生态高效养殖南方鲇效益分析

池塘	每667米^{2}投入（元）					每667米^{2}产出			每667米^{2}纯利润（元）
	鱼种费	塘租及改造	饲料费	防疫费、人工、水电	每667米^{2}平均成本	产量（千克）	售价（元/千克）	每667米^{2}销售收入（元）	
底排污模式塘	922	1 920	10 030	1 230	14 102	1 289.1	15	19 337	5 235
传统养殖模式塘	936	1 000	9 605	1 260	12 801	885.3	15	13 280	479

注：①每667米^{2}投入总费用中鱼种、塘租及饲料等费用是在基础资料基础上结合实地调研进行的分解，与实际支出不完全相符。②底排污模式池塘水每2～3天当沉积物积累后排污1次，让污物流进沉淀池，沉淀1天后将上清液直接排入水生蔬菜种植池塘做蔬菜营养源，本次水生空心菜种植面积96米^2，共采摘蔬菜3 600千克，盈利5 510元。

（四）经验和心得

1. 养殖技术要点

（1）底排污池塘改造 采用实用新型专利“一种池塘养殖底排污水系统”对池塘进行底排污改造，在传统养殖池塘中建立底排污系统，排出养殖过程中产生的残饵、粪便等污物，再通过分离池沉淀，上清液排入鱼菜共生养殖池塘，作为蔬菜生长的营养源。该模式使残饵、粪便等资源化利用，减少了污染，符合健康养殖发展方向。具有成本较低、风险较小、鱼生长速度较快、经济效益明显等优点。2014年永兴渔业合作社底排污池塘改造面积已经达到了133 400米^{2}以上（图4-5）。

（2）选用高品位饲料 李成龙及其合作社多年来养殖南方鲇一直采用高品位饲料，一方面消化利用率高，对水体污染小；另一方面使用高品位饲料可缩短养殖周期，减少养殖风险。

（3）增氧设施综合利用 采用叶轮式增氧机、涌浪机组合增氧方式，发挥各自的优点，确保溶解氧供应充足。

（4）精细化管理 投喂精细化，溶解氧定时测，氨氮、亚硝酸盐等定期测，并根据结果指导增氧机开关、补换水等，定期杀虫杀菌。

图 4-5 底排污创新型养殖模式示范基地

2. 养殖特点

①热爱水产养殖，热心服务于社员，养殖经验丰富、凡事亲力亲为，每天晚上巡塘，观察鱼的活动。②善于吸收接纳先进养殖技术和理念，如 2013 年率先示范通威股份有限公司的底排污养殖模式、2014 年示范通威股份有限公司“365”池塘养殖模式及水质在线监测系统、智能手机在线管理等先进技术。

3. 具体遇到的养殖问题

鲇类养殖遇到的主要问题是疾病。如放苗后发生天气不好可能诱发水霉病，养殖高峰期有出血病、溃疡病，后者可能导致鲇类“全军覆灭”。实践中主要注重预防，管理好水质，高峰季节注意控制投饲量。发病后聘请高校或民间鱼病专家进行现场诊断和治疗。值得借鉴的是该合作社从 2010 年起就购买了水产养殖保险，政府补贴部分保费，养殖户花不多的钱就可以参保。遇重大疾病、自然灾害、意外事故、水域污染、浮头等导致鱼类死亡可获得一定赔偿，减轻养殖户经济损失。

（五）上市和营销

1. 确定合理的上市时机

综合考虑各种因素对上市产生影响，注重“捕捞—暂养—运输—上市”等环节的衔接，确定合理的上市时机，详见本书第五章的介绍。

2. 营销

①销售之前及时准确的对市场进行调研。收集不同区域的消费习惯、销售价格、需求量等信息，根据以上信息合理销售。②由经纪人统一收购和销售。③注册“丹龙”商标，建立可追溯体系，满足消费者对鲜活产品生态健康的要求。

二、南方鲇池塘养殖实例

（一）基本信息

四川省眉山市青神县河坝子镇双龙村养殖户罗长江，具有4年养鱼经历，共有26 680米^{2}养殖水面，以2013年1口6 670米^{2}池塘养殖南方鲇为例，池塘三面光，水深1.8米，水源为地下水（彩图45）。

（二）放养和收获情况

放养和收获情况详见表4-4。

表4-4　放养及收获情况

养殖品种	放养			收获		
	时间	规格（克/尾）	每667米^{2}放养量（尾）	时间	规格（克/尾）	每667米^{2}产量（千克）
南方鲇	2013年4月末5月初	21～22	850	2013年8月上旬	1 000～1 500	1 000
鲢、鳙		400～500	200		1 000～1 500	200～250
胭脂鱼		250	100		500～750	100

（三）养殖效益分析

每 667 米^2 费用支出（13 165 元）＝塘租（1 000元）＋苗种费（800 元）＋饲料费（8 665元）＋防疫费（600 元）＋人工费（600 元）＋水电费（1 500元）

每 667 米^2 收入（15 950元）＝南方鲇10 600（1 000千克×10.6 元/千克）＋鲢、鳙1 750（250 千克×7 元/千克）＋胭脂鱼 3 600（100 千克×36 元/千克）

每 667 米^2 利润（2 785元）＝每 667 米^2 收入（15 950元）－每 667 米^2 支出（13 165元）

2013 年南方鲇终端价格较低，按销售市场价格计算，若按 15 元/千克计算，则每 667 米^2 利润可达7 185元。

（四）经验和心得

1. 养殖技术要点

①苗种质量好、规格整齐，成活率达 90%。②选用高品位饲料，缩短养殖周期。饲料投喂管理精细，坚持不浪费原则，每天投喂 2 次，投喂时间分别为 05：00 和 21：30，分别投喂当天总量的 50%，南方鲇体重在 250 克以下时，日投饲率 5%；250 克以上时，日投饲率 2%～3%。③增氧机配备充足，6 670米^2 池塘配置 4 台叶轮式增氧机，保证溶氧充足。④合理套养经济鱼类，增加收入，由表 4-4 可见，由于南方鲇终端鱼价低于养殖成本，养殖利润实为亏损，但套养的经济鱼类胭脂鱼每 667 米^2 收入3 600元，非常可观。⑤精细管理，水源为地下水，每次换水 10 厘米左右；自己配置了显微镜，可及时准确诊断寄生虫病，针对性用药。

2. 养殖特点

①该养殖户善言谈，喜垂钓，喜欢养鱼，善于与人交流养殖经验及问题。凡事亲力亲为，每天晚上坚持巡塘。②鱼种质量控制好、养殖防疫做到位，成活率高。养殖高峰期每个月饲喂 1 次自配中草药（黄芩、大黄、黄柏、金银花等），经粉碎浸泡后拌饲料

投喂。

（五）上市与营销

普通养殖户，把握市场的能力较差，关注终端鱼价，鱼达上市规格后，选择行情较好的时候由提供饲料的经销商或鱼贩收购。

三、沟杂鲇池塘高产养殖实例

（一）基本信息

四川省眉山市周边的思蒙、悦兴等地近年沟杂鲇养殖非常兴盛，为适应烫火锅消费习惯，形成了生产 50～150 克小规格商品沟杂鲇的养殖模式。四川省在 4 月、10 月的水温为 18℃左右，4—10 月从寸片到商品鱼只要 40 多天，每批次每 667 米^2 产量1 000～1 500千克，全年可以生产 2 批以上，池塘年每 667 米^2 产量高达 3～5 吨，极大地发掘了池塘的生产潜力。

眉山市东坡区悦兴镇远光村 1 组闵永良，有近 10 年养鱼经历，共有33 350米^2 养殖水面，3 口塘养殖沟杂鲇，池塘三面光，水深 1.7～1.8 米，水源为地下水，下面以 2013 年 1 口1 334米^2 池塘为例介绍。

（二）放养和收获情况

放养和收获情况详见表 4-5。

表 4-5　放养及收获情况

养殖品种	放养			收获		
	时间	规格	每 667 米^2 放养量	时间	规格	每 667 米^2 产量
沟杂鲇	2013 年 8 月初	1 400～1 600尾/千克	4 万～5 万尾	2013 年 10 月初	50～60 克	2 500千克

注：饲料系数为 1.0。

（三）养殖效益分析

每 667 米^2 费用支出（24 900元）＝塘租（1 000元）＋苗种费（3 000元）＋饲料费（17 800元）＋防疫费（1 000元）＋人工费（600 元）＋水电费（1 500元）

每 667 米^2 收入（40 000元）＝2 500千克×16 元/千克

每 667 米^2 利润（15 100元）＝每 667 米^2 收入（40 000元）－每 667 米^2 支出（24 900元）

（四）经验和心得

1. 养殖技术要点

①优选高品位饲料，遵循不浪费原则，放苗后每天投喂 4 次，生长至不能通过 3 寸筛时每天饲喂 2 次，基本上是饱食投喂，使其快速生长。②充足的溶解氧，1 334米^2 池塘配 1.5 千瓦叶轮增氧机 2～3 个，全天开启。③精细化管理，高密度养殖对水质要求非常高，一般 3～5 天换水 1 次。

2. 养殖特点

①沟杂鲇养殖池塘不宜过大，1 334～2 001米^2 最好，易于管理。②养殖密度高，对溶解氧和水质要求非常高，水源供应要充足。③养殖投入高、周期短、盈利能力较强，但终端价格波动大，养殖风险与盈利并存。

3. 具体遇到的养殖问题

沟杂鲇终端行情波动大，养殖风险大。近年沟杂鲇易患溃疡病，可能导致重大损失。

（五）上市和营销

达到上市规格后，统一上市。由饲料经销商或鱼贩收购和销售。

四、南方鲇秋苗池塘养殖实例

(一) 基本信息

刘华新，有7年南方鲇养殖经验，现为乐山市市中区童家镇开化村村党支部书记、童家镇渔业合作社社长，共有养殖水面106 720米^2。以2013年1口6 670米^{2}池塘放养南方南方鲇秋苗为例，池塘为三面砌砖，水深1.7米，水源为地下水（彩图46）。

(二) 放养和收获情况

放养和收获情况详见表4-6。

表4-6 放养及收获情况

养殖品种	放养			收获		
	时间	规格（克/尾）	每667米^{2}放养量(尾)	时间	规格	每667米^{2}产量（千克）
南方鲇	2013年8月30	22～25	2 000	2013年4—7月	4月初次捕获时1.5千克左右，7月3～4千克	2 850

注：套养适量鲢、鳙；饲料系数为1.09。

(三) 养殖效益分析

每667米^{2}费用支出（34 076元）＝塘租（1 000元）＋苗种费（1 600元，2 000尾×0.8元/尾）＋饲料费（28 536元）＋防疫费（1 140元）＋人工费（600元）＋水电费（1 200元）

每667米^{2}收入（42 750元）＝2 850千克×15元/千克

每667米^{2}利润（8 674元）＝每667米^{2}收入（42 750元）－每667米^{2}支出（34 076元）

(四) 经验和心得

1. 养殖技术要点

①放养密度较大（每667米^2 2 000尾），采用一次放苗、多

次捕捞上市，充分发挥池塘潜力，单产较高，利润较可观。②选用高品位饲料，饲料投喂管理精细，坚持不浪费原则，每天05：00和21：00投喂，分别投喂全天总量的30%和70%。③增氧设施配备充足，6 670米^{2}池塘配6个增氧机，4个1.5千瓦的叶轮增氧机，2个3千瓦的叶轮增氧机，常开3～4个。④合理化管理，南方鲇对水质要求高，每半个月补水1次，补水池塘高度10～20厘米；防疫方面保肝类药饵每半个月投喂1次，每次5天。

2. 养殖特点

8月底放南方鲇秋苗，充分利用池塘，翌年4—5月可全部上市销售，合理安排，2年可养3茬。

3. 具体遇到的养殖问题及解决措施

突发疾病给养殖带来的风险较大，与天府新区永兴渔业合作社一样，2013年12月开始购买水产养殖保险。

（五）上市和营销

达到上市规格后，统一上市，由经销商或鱼贩收购和销售。

五、池塘主养南方鲇实例

（一）基本信息

四川省绵阳市安县花荄镇柏杨村7组张清木，1口面积为3 335米^{2}的池塘，水深2米左右，配3.0千瓦增氧机1台，主养南方鲇。

（二）放养和收获情况

2月20日投放鲢、鳙、鲫鱼种，5月30日投放转食南方鲇鱼种，鱼种放养及成鱼收获情况见表4-7。投喂浮性颗粒饲料，饲料系数为1.1（计吃食鱼）。当年11月12日收获，共收获南方鲇、鲢、鳙、鲫6 561千克。

表 4-7 鱼种放养及收获情况

品种	放养		收获	
	规格（克/尾）	数量（尾）	规格（克/尾）	数量（千克）
南方鲇	10.0～12.5	5 000	1 000～1 500	5 906
鲢	120～150	450	1 000～1 200	455
鳙	100～150	100	1 200～1 500	126
鲫	50	400	200	74
合计		5 950		6 561

（三）养殖效益分析

销售收入 9.95 万元，生产成本 7.96 万元，利润 1.99 万元。折合每 667 米^2 产成鱼1 312千克，每 667 米^2 产值 1.99 万元，每 667 米^2 利润 0.40 万元，销售收入生产成本利润见表 4-8。

表 4-8 销售收入、生产成本和利润

销售收入（万元）	生产成本（万元）							利润（万元）
	合计	鱼种	饲料	药物	人工	水电	塘租	
9.95	7.96	0.46	5.72	0.04	1.25	0.09	0.40	1.99

（四）经验和心得

1. 养殖技术要点

①优选高品位饲料，遵循不浪费原则，放苗后每天投喂 4 次，生长至不能通过 3 寸筛时每天投喂 2 次，基本上是饱食投喂，使其快速生长。②精细化管理，多观察，勤换水。

2. 养殖特点

以南方鲇为主，合理搭配其他大规格鱼类。

3. 具体遇到的养殖问题

养殖中疾病较多，用药较勤。

（五）上市与营销

达到上市规格后，统一上市。由饲料经销商或鱼贩收购和销售。

六、池塘混养南方鲇实例

（一）基本信息

四川省绵阳市安县花荄红武村3组养殖户黄某，1口面积为6 670米^{2}的池塘，水深2.5米左右，配1.5千瓦增氧机2台，混养南方鲇。

（二）放养和收获情况

2月17日投放草鱼、鲢、鳙、鲫鱼种，6月5日投放转食南方鲇鱼种，鱼种放养及成鱼收获情况见表4-9。投喂浮性颗粒饲料，饲料系数为1.4（计吃食鱼）。当年12月6日收获，共收获南方鲇、草鱼、鲢、鳙、鲫7 964千克。

表4-9　鱼种放养及收获情况

品种	放养		收获	
	规格（克/尾）	数量（尾）	规格（克/尾）	数量（千克）
南方鲇	12	800	1 000	720
草鱼	100	5 000	1 200	4 800
鲢	100	2 000	1 000	1 700
鳙	133	500	1 200	540
鲫	50	1 200	200	204
合计		9 500		7 964

（三）养殖效益分析

销售收入8.80万元，生产成本6.70万元，利润2.10万元。

折合每667米^{2}产成鱼796千克，每667米^{2}产值0.88万元，每667米^{2}利润0.21万元，销售收入生产成本利润表见表4-10。

表4-10 销售收入、生产成本和利润

销售收入（万元）	生产成本（万元）							利润（万元）
	合计	鱼种	饲料	药物	人工	水电	塘租	
8.80	6.70	0.85	3.37	0.08	1.50	0.10	0.80	2.10

（四）经验和心得

1. 养殖技术要点

①增氧机配备充足，6 670米^{2}池塘配置1.5千瓦增氧机2台，保证溶解氧充足。②合理套养南方鲇，增加收入。

2. 养殖特点

鱼种质量控制好、养殖防疫做到位，成活率高。养殖高峰期每月用三黄粉浸泡后拌饲料投喂。

（五）上市和营销

普通养殖户，把握市场的能力较差，关注终端鱼价，鱼达上市规格后，选择行情较好的时候由提供饲料的经销商或鱼贩收购。

七、小水库主养南方鲇实例

（一）基本信息

四川省绵阳市安县乐兴镇先锋村6组陈世友，利用一座小㈠型水库（团兴水库）主养南方鲇，该库有效养殖面积39 019.5米^2，平均水深5米。承包人利用该库冬修放干库水之机，每667米^{2}用生石灰100千克清库消毒，出水口安装拦鱼设施。

（二）放养和收获情况

1月18日投放鲢、鳙、鲫鱼种，4月28日购体长2厘米南方鲇，用家庭小鱼池将其培育至40～50克/尾的大规格鱼种，于7月12日放入该库，鱼种放养及成鱼收获情况见表4-11。投喂浮性颗粒饲料，饲料系数为1.2（只计南方鲇）。

表4-11　鱼种放养及收获情况

品种	放养		收获	
	规格（克/尾）	数量（尾）	规格（克/尾）	数量（千克）
南方鲇	50～60	37 000	700～780	25 168
鲢	150～200	9 000	1 000～1 200	7 470
鳙	150～200	3 000	1 200～1 500	2 490
合计		49 000		35 128

（三）养殖效益分析

当年12月28—30日收获，共收获南方鲇25 168千克、鲢、鳙9 960千克。销售收入47.74万元，生产成本35.63万元，利润12.11万元。折合每667米^{2}产成鱼600千克，每667米^{2}产值0.82万元，每667米^{2}利润0.21万元，销售收入生产成本利润表见表4-12。

表4-12　销售收入、生产成本和利润

销售收入（万元）	生产成本（万元）							利润（万元）
	合计	鱼种	饲料	药物	人工	水电	塘租	
47.74	35.63	6.77	23.56	0.57	2.20	1.33	1.20	12.11

（四）经验和心得

1. 养殖技术要点

①消毒彻底。②放养密度适宜。

2. 养殖特点

管理精细，换水勤，每周补水1次，补水池塘高度10～20厘米；防疫方面每半个月投喂消毒药物1次。

（五）上市和营销

达到上市规格后，统一上市。由饲料经销商或鱼贩收购和销售。

第五章　鲇类上市和营销

第一节　捕捞上市

一、捕捞

一年四季均可根据市场行情捕捞上市，市场价格较高时可多捕捞，价格较低时可少捕或不捕，以提高养殖效益。夏、秋高温季节是水产品价格较好的时期，因此，抓住这个季节和市场行情，捕捞1千克以上成鱼，可以均衡市场供应，调节池塘承载密度，增加养殖经济效益（图 5-1）。可根据捕捞数量多少采用不同的方法。捕捞量较少时可采取退水捕捞法；捕捞量大时可采用抬网式拉网法和干池捕捞法。

退水捕捞法：先将池塘水位降到最低，接近 40 厘米左右，执行捕捞，即可将鲇鱼捕捞量达到 98%。

抬网式拉网法：池塘面积达到3 335～33 350米^2，采用抬网式

图 5-1　鲇类池塘收获

拉网法，抬取较大鱼量后，根据水位可使用8～20米深的拉网，进行拉网式一网打尽。

干池捕捞法：鲇鱼在不同水域养殖中的最终捕捞方法，捕捞一般在深秋进行。进行干池捕捞，放水前应先在排水口套上张网，可捕获近1/2的鲇类，剩下的鲇类集中在排水口附近的集鱼坑内，用小型拉网即可完成捕捞工作。

捕捞注意事项如下：①捕捞前严格遵守用药制度，坚持做到禁用药物绝不用，限用药物尽量少用，准用药物严格执行休药期，以确保水产品药物残留量符合国家标准。②捕捞前5天左右及时调节好水质，捕捞后第二天应现场配好消毒剂进行消毒，以降低鱼类受伤引发的感染及死亡等。③捕捞前1天做到停食或减少投饲量，这样可以减少鱼类因消化吸收而需要的耗氧量。④选择晴好天气的黎明前后，因为这个时间段的气温和水温最低。⑤捕捞操作过程中迅速、及时，起网后和分拣时都开动了增氧机或水泵冲水，并备好增氧剂，以防止鱼类受伤或缺氧导致死亡。

二、暂养

1. 主要以提高运输成活率为目的的暂养

在养殖户处暂养池进行暂养，通过暂养达到以下目的：①清洗干净鱼体表和鳃上的污泥，防止污泥影响鱼的呼吸。②增强鱼的体质，提高出塘和运输的成活率；把鱼放入暂养池中密集暂养，使鱼排出粪便和体内过多的水分，肌肉变得更结实，在运输途中减少排污，同时经过密集锻炼，可以提高鱼对低氧的耐受力，最终提高运输成活率。③估计鱼数量，做好水产品销售或养殖的准备工作。

具体操作是：将捕捞鲇类立即转入暂养池，特别是干塘捕捉的塘底鱼，鳃上容易粘上污泥，阻碍其呼吸，容易造成缺氧死亡，需要将打捞的成鱼放入暂养池，且水质要保持清新富氧，靠近捕捞池，运鱼方便。一般采用网箱或水泥池做暂养，网箱比水泥池效果更好。暂养池的放养密度以鱼不严重“浮头”为限，当鱼进入暂养池后需将鱼的体表清洗干净，提前清洗网箱或把池水换掉，用清水密集进行暂养。

暂养期间的注意事项：①暂养前要消毒，可用食用盐水或漂白粉溶液浸洗消毒，以防止发生传染病。②暂养鱼的体重之间相差不超过1/3，超过1/3则会产生相互残杀现象。③暂养期间鲇类密度较大，需要充足的溶解氧和良好的水质，暂养期间不投喂，不用药。④暂养时间长短与运输距离成正比，短途运输几小时即可，长途运输暂养1天以上。

2. 主要以提高鱼产品品质和价值为目的的暂养

通过专门建立暂养透析基地，形成完善的暂养透析标准规程及质量体系并严格执行，以提高鱼产品品质。目前成都通威鱼有限公司在开展鲜活鱼的暂养透析，即采用优质鱼加优质水，称为“净养”（图5-2、彩图47）。

图5-2　成都通威鱼生产配送中心

对池塘养殖符合规格商品鱼，经过塘边初步检测（感官指标）符合食品安全要求的产品，通过专用运输车辆，运到暂养透析基地，使用自主研发的电化水和公司一套暂养透析规程实施鱼的暂养透析，其过程中对鱼进行科学严格的产品检测（理化指标药物残留等），确保鱼体药物残留符合国家法律法规要求，同时通过暂养使鱼体得到净化，除去泥腥味，对鱼体表面杀菌，从而提升鱼的产品品质和价值。

每天对暂养透析池的水质进行检测（图 5-3），确保暂养及透析过程中养殖用水的质量，主要检测水温、pH、溶解氧及氨氮，并把相关的检查记录记录于《暂养过程监控记录》中。正常养殖用水的 pH 7.0～8.5，水中溶氧量在 5 毫克/升以上，水中氨氮不超过 0.5 毫克/升，水中硫化氢的含量不超过 0.2 毫克/升，无特殊要求为常温。

图 5-3　成都通威鱼有限公司的检测设备

2013 年成都通威鱼有限公司将通威生态电化水技术应用鲜活鱼暂养，进一步保障水产品品质（彩图 48）。通威生态电化水处理技术项目，是通威根据食品安全需求，自主创新研究项目。是在不添加任何化学药品前提下，在外加不同电场（脉冲、直流等）作用下，通过特定电极引发电化学反应，产生强氧化性的中间体（溶剂化电子、羟基自由基等）、小分子团水、高氧化还原电位等，同时利用电絮凝、电力净化、电气浮、电子轰击等方式，代替化学药品实现物理方式杀菌、灭藻、除虫、增氧、去污效果。利用渔用电化水除虫、灭藻特性，净化暂养水体；其杀菌特性，杀灭活鱼体表细菌 90%以上，降低水体细菌浓度 2 个数量级；高渗透力、高扩散力、高溶解力的小分子团活性水，其更易将更多水分和营养带入细胞，同时将废物和毒物更好地排出。根据净养品种、密度、规格等选取不同浓度电化水进行净养，提高水产品质量，杜绝食品药物残留，保障水产品安全。

三、运输

鲇类养殖生产成功与否，运输是关键环节，需把握好以下关键点：①采用带水增氧运输，可加入通威渔用电化水，其溶氧量比普通水提高 60%以上，可减少纯氧投入成本，尤其在长途运输环节，其“杀菌”特性可抑制运输水体恶化，同比降低氨氮、亚硝酸盐含量 40%以上。②运输用水水温不宜太高，如果是长途运输可考虑水中加冰。③高温期间运输鲇类，选择早晚气温较低时运输更好。④所运输的鱼应当是体格健壮，无病无伤，且经过暂养的健康鱼。⑤运输路途中车速应当平稳，如果运输中需要停车，切忌关闭发动机，使车体保持震动，有利于增加水中的溶解氧和鲇类成活率。

四、均衡上市

近几年饲料价格连年上升，而鱼价格上涨缓慢，上半年做好管理工作、下半年做好营销工作等循序渐进事宜。其在未出售之时，坚持优化养殖模式，选好优质饲料，加强养殖管理等。不去猜价、不去堵价，认真加强饲养管理，合理分配均衡上市。既不可全部出售，也不能不出售。扎堆出售会面临几大风险：一是没有人知道鱼价什么时候是最高的行情；二是鱼全部集压在池塘里，容易造成缺氧泛塘，故合理分配，如出售、分散池塘养殖、加强管理等；三是等到鱼价较好时一起出售，会造成水产品市场挤压；四是集压期的饲料成本高，由于密度过高，严重影响鱼的生长。饲料投喂浪费的同时且鱼不见长。因此，要解决这一问题，可以打季节差，放养大规格鱼种，提早上市。

第二节　市场营销

一、信息的收集和利用

销售之前及时、准确对市场进行考察，集中收集市场营销信息工作。在同一省份，鲇类养殖地分布不均匀，各地对鲇类食用方法不尽相同，对鲇类的大小要求不同。在对信息收集后进行分析，针对性的销售。比如，在一个县城周边都不生产鲇类，而群众喜欢食用，则售价较高，如果县城需求量不大，则可以小批量供应。如果是大、中城市，人们习惯将鱼按部位出售，一般要求体型较大的鱼。反之，如果是家庭购买或餐厅使用，一般要求个体较小的鱼。

二、鲜活产品的市场营销

对普通养殖户而言，鱼达上市规格后即销售给中间商（鱼贩）。以下介绍成都通威水产食品有限公司鲜活产品营销实例。

销售渠道主要分为3个：商超、大型卖场，农贸、批发市场，团体、餐饮企业。

1. 商场、大型卖场

主要定位为高品质、高价格，树立良好的通威鱼品牌形象，以有机、无公害产品为主。采取专人推广、定点宣传、节日促销、定期活动等拉动销售。

2. 农贸、批发市场

主要以无公害产品销售为主，扩大产品影响力，以安全、美味为卖点，进入普通家庭。宣传产品安全，以暂养透析、全程可控为主要卖点，树立普通消费者对通威鱼的良好口碑。

3. 团体、餐饮企业

以安全、可控、全程可追溯产品特点，加以透析暂养后比普通鱼口感更好为卖点。以质优价美，产品符合食品安全要求，让团体消费感觉安全放心。

三、开发加工产品以及市场拓展

通威水产食品有限公司以合理清洁化加工为主线（图 5-4），开发鲇类系列产品，现已开发以下产品：①冷冻鱼片、冷冻副产品（鱼肚、鱼泡、鱼翅、鱼腩等）系列产品。②鱼皮冷冻风味产品：泡椒鱼皮、凉拌鱼皮丝等。③冷冻调理产品：微波调理鱼片、裹面包屑鱼条、鱼砖等。④冷冻鱼糜制品：将鱼肉制作成鱼糜，加工成鱼丸、儿童鱼丸、烤鱼棒、鱼饺、鱼排等系列产品。部分鲇类加工产品见图 5-5 和图 5-6。

图 5-4　鲇类产品加工车间

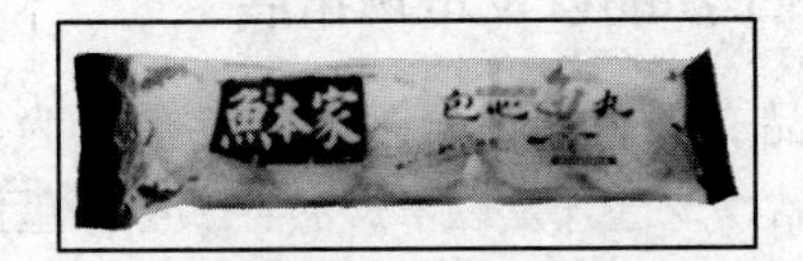

图 5-5　鱼丸产品系列

图 5-6　鱼排、烤鱼棒产品

目前该公司销售渠道有：大型卖场、商超、批发市场、便利店、团体、餐饮等渠道。其中成都商超门店 30 多家、便利店 800 多家、成都专业水产冻品批发市场均有该公司产品销售。销售区域涉及全国近 20 个省份。

四、产品经营实例

通威股份有限公司的鱼类产品经营模式如下。

鲜活鱼经营模式：以塑造通威鱼品牌，通过全程可追溯可控质量体系建设，依托自建优质养殖基地，科学养殖，打造优质产品。以工厂化暂养透析标准技术，提升产品品质和商业价值。终端以商超、大型卖场为主，传递通威鱼优质安全、美味的产品诉求，建立与消费者的产品互信，培养大批忠实消费群体。以传播产品美誉度，打造“多吃鱼、吃好鱼、要吃就吃通威鱼”的消费理念。大力推广“通威鱼健康鱼”概念，让消费者知道、吃到安全放心的通威鱼。

水产加工食品经营模式：以产品精深加工，不断满足人们日益追求产品多样化、便利化的需求；以产品深加工、调理为主，打造都市方便快捷的家庭消费需要；以鱼糜制品、鱼肉产品、菜肴产品为主，满足时尚、健康、方便、快捷的消费理念，同时满足产品安全的需求。推出分割冷冻冷鲜产品、酒店餐饮店家庭厨房用预制产品、开袋即食休闲食品等终端产品；以网上营销满足现代都市快节奏生活要求。下单、付款、配送到家一体化服务，全程冷链物流配送，产品最大程度保鲜，不降低产品口感。

附　录

附录一　鲇类行业标准

一、南方鲇（SC 1039—2000）

1　范围

本标准给出了南方鲇（*Silurus meridionalis*）的主要形态构造特征、生长与繁殖、遗传学特性以及检测方法。

本标准适用于南方鲇的种质鉴定。

2　引用标准

下列标准所包含的条文，通过在本标准中引用而构成为本标准的条文。本标准出版时，所示版本均为有效。所有标准都会被修订，使用本标准的各方应探讨使用下列标准最新版本的可能性。

3　学名与分类

3.1　学名

南方鲇（*Silurus meridionalis*）。

注：原名南方大口鲇（*Silurus meridionalis*）。

3.2　分类位置

鲇形目（Siluriformes），鲇科（Siluridae），鲇属（*Silurus*）。

4　主要形态构造特征

4.1　外部形态特征

4.1.1 外部形态

体延长，头略扁平，体侧扁，体表光滑无鳞。皮肤多黏液。口宽阔，上位。上颌末端在眼后缘的垂直下方，下颌突出，上、下颌及犁骨上有许多绒毛状细齿。须 2 对，其中上颌须长，达到胸鳍基后。幼鱼具须 3 对（体长达到 15 厘米左右时 1 对颊须消失）。眼小，上面覆盖透明薄膜。背鳍短小，位于腹鳍之上前方。胸鳍有一硬刺，其前缘锯齿细弱，大个体仅残存齿痕。腹鳍小，其末端未超过臀鳍起点，臀鳍很长，其后端与尾鳍相连。尾鳍短小，边缘略内凹。体色灰褐色或灰黄色，腹部灰白色，各鳍灰黑色。南方鲇外形见附图 1-1。

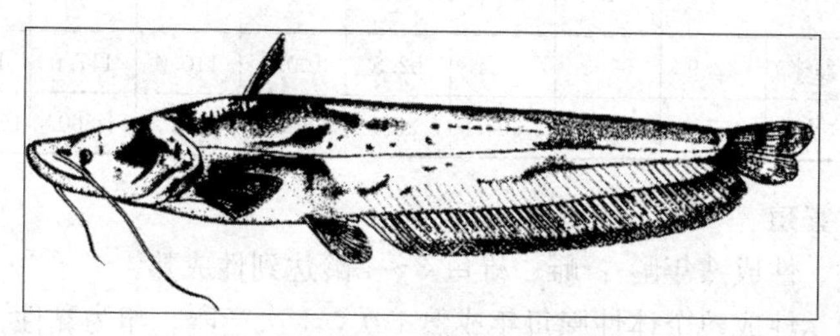

附图 1-1 南方鲇的外形

4.1.2 可数性状

4.1.2.1 背鳍鳍式：D. 0. 5～6。

4.1.2.2 臀鳍鳍式：A. 0. 73～86（多数为 78～85）。

4.1.2.3 胸鳍鳍式：P. 1. 14～15（个别为 16）。

4.1.2.4 第一鳃弓外侧鳃耙数：13～17。

4.1.3 可量性状

体长为体高的 5.3～6.4 倍，为头长的 4.4～5.3 倍；头长为吻长的 2.9～3.5 倍，为眼径的 8.4～16.5 倍，为眼间距的 1.5～1.8 倍。

4.2 内部构造特征

4.2.1 鳔

有鳔管，一室。

4.2.2 脊椎骨

脊椎骨总数：59～61。

4.2.3 腹膜

灰白色或灰黑色。

5 生长与繁殖

5.1 生长

不同年龄组的鱼体长和体重的实测平均值见附表1-1。

附表1-1 南方鲇不同年龄组的体长和体重的实测平均值

年龄（龄）	1	2	3	4	5	6	7	8
体长（厘米）	32.9	57.0	64.4	82.5	100.0	110.0	117.0	129.0
体重（克）	497.0	1 912.5	2 694.5	5 283.3	6 800.0	12 000.0	14 500.0	15 025.0

5.2 繁殖

5.2.1 性成熟年龄：雌、雄鱼3～4龄达到性成熟。

5.2.2 性成熟个体性腺每年成熟1次，1次产卵。卵为黏性。

5.2.3 怀卵量：不同年龄组个体平均怀卵量见附表1-2。

附表1-2 南方鲇不同年龄组的个体平均怀卵量

年龄（龄）	3	4	5	6	7
体长（厘米）	2 700	5 250	6 605	13 050	15 420
体重（克）	28 860	67 710	145 000	175 632	205 176
相对怀卵量（粒/克）	10.8	12.9	22.1	13.3	13.3

6 遗传学特性

6.1 细胞遗传学特性

南方鲇体细胞染色体数：$2n=58$，臂数（NF）：98，组型公式：$20m+20sm+14st+4t$。

南方鲇染色体组型见附图1-2。

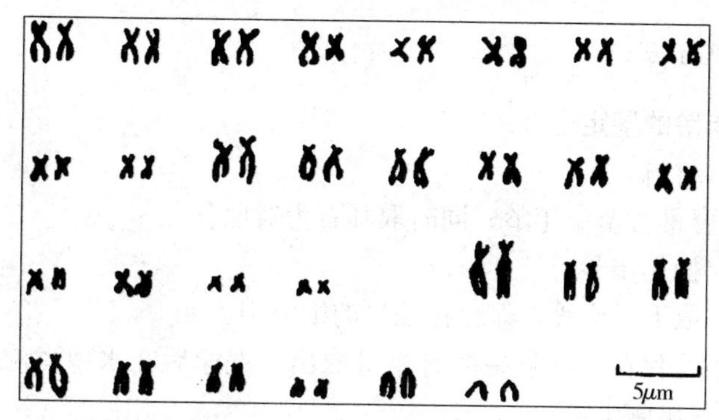

附图 1-2　南方鲇染色体组型

6.2　生化遗传学特性

南方鲇肌肉的乳酸脱氢酶（LDH）同工酶酶谱见附图 1-3，酶带扫描图见附图 1-4，酶带的活性强度见附表 1-3。

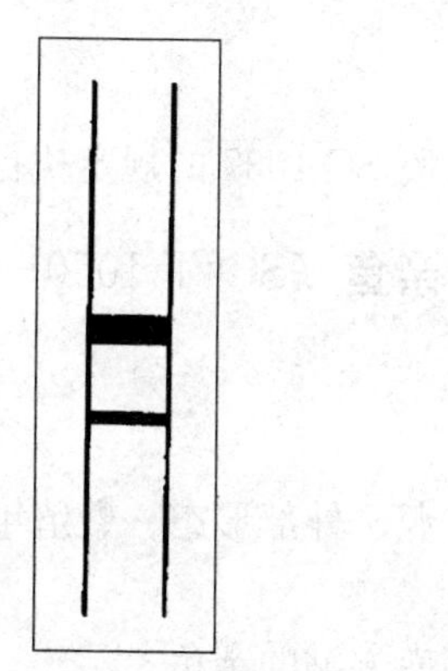

附图 1-3　南方鲇肌肉组织 LDH 同工酶电泳酶谱

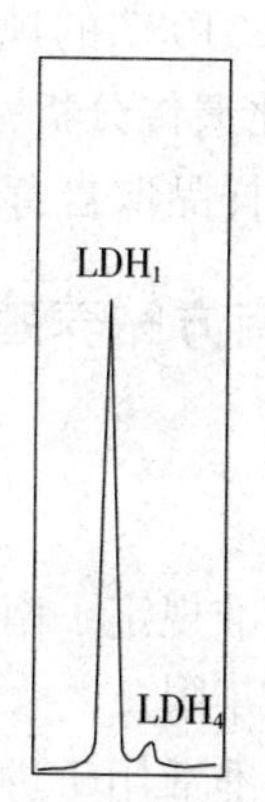

附图 1-4　南方鲇肌肉组织 LDH 同工酶酶带扫描

附表 1-3　南方鲇肌肉组织 LDH 同工酶酶带活性强度

酶带	LDH_1	LDH_2	LDH_3	LDH_4
相对迁移率	0.41	0.38	0.35	0.32
活性强度（%）	92.86	—	—	7.14

7 检测方法

7.1 年龄的鉴定

7.1.1 材料

用脊椎骨鉴定年龄，同时取耳石为对照。

7.1.2 操作步骤

a）取下脊椎骨，保存在编号的纸袋中。

b）将保存在纸袋中的脊椎骨取出，洗净后在水中煮沸5～10分钟，取出阴干。

c）在解剖镜或投影仪下观察年轮，确定鱼的年龄。

7.2 繁殖力的测定

按 SC 1037 的规定执行。

7.3 染色体的检测

按 SC 1037 的规定执行。

7.4 生化遗传分析

分析样品取自背部白肌，其余按 SC 1037 的规定执行。

二、南方鲇养殖技术规范 亲鱼（SC/T 1050—2002）

1 范围

本标准规定了南方鲇亲鱼的来源、外部形态、繁殖年龄和体重以及使用年限。

本标准适用于进行人工繁殖用南方鲇的亲鱼。

2 引用标准

下列标准所包含的条文，通过在本标准中引用而构成为本标准的条文。本标准出版时，所示版本均为有效。所有标准都会被修订，使用本标准的各方应探讨使用下列标准最新版本的可能性。

SC1039—2009 南方鲇。

3　来源

3.1　江河、水库、湖荡等未经人工放养的天然水域择优收集的食用鱼培育成亲鱼。

3.2　江河、水库、湖荡等未经人工放养的水域中的天然鱼苗或持有国家发放的南方鲇原种生产许可证的原种场的苗种、经专门培育成亲鱼。

3.3　严禁近亲繁殖的后代留作亲鱼。

4　外部形态

外部形态应符合SC1039的规定。

5　繁殖年龄和体重

允许繁殖的最小年龄和最小体重见附表1-4。

附表1-4　允许繁殖的年龄与体重

亲鱼性别	允许繁殖最小年龄[①]（足龄）	允许繁殖最小体重（千克）
雌（♀）	4	4.8
雄（♂）	3	2.7

注：[①]年龄主要依据脊椎骨的年轮数鉴定。

6　使用年限

南方鲇亲鱼允许使用到8足龄。

7　判定规则

检验中，亲鱼质量不符合第四章和第五章的规定，则判定该批产品不合格，若其中一项指标不符合规定，应加倍抽样复检，如仍不符合要求，则判定该批产品为不合格。

三、革胡子鲇养殖技术规范　亲鱼

(SC/T 1029.1—1999)

1　范围

本标准规定了革胡子鲇（*Clarias gariepinus*）亲鱼的来源、生物学特性、繁殖年龄与体重。

本标准适用于革胡子鲇亲鱼的质量监测。

2　来源

2.1　从尼罗河水系引进经选育的革胡子鲇苗种，经专门培育成亲鱼，或直接从原产地引进亲鱼，苗种或亲鱼需经鉴定认可。

2.2　持有国家发放的原（良）种生产许可证的原（良）种场生产的苗种，经专门培育成亲鱼。

2.3　近亲繁殖的后代不得留作亲鱼。

3　生物学特性

3.1　形态特征

体表光滑无鳞，黏液丰富，体圆筒形，头大尾小，体前部扁平，后部侧扁，头部平扁，宽而坚硬，头背部有许多骨质微粒突起，呈放射状排列。吻宽而钝，口横裂较宽，触须发达，眼极小，接近口角。鳃腔前上方具辅助呼吸器官，呈珊瑚状结构，可直接吸取空气中的氧。体背部呈灰褐色或灰黄色，体侧有不规则灰色斑块和黑色斑点，腹部色淡，呈灰白色。胸鳍具硬刺，粗短而钝，腹鳍腹位，鳍尖超过臀鳍基部；背鳍、臀鳍均长，末端在尾鳍基部前；尾鳍铲状，不分叉，不与背鳍、臀鳍相连，后缘呈半圆环。

牙齿发达，鳃耙稀少且粗糙刺手，胃大而肠短。

3.2　可数性状

触须 4 对，长短不一。即口角上颌须 1 对，为最长；鼻须 1 对，颐须 2 对，相对较短。

3.3 可量性状

背鳍长/体长>2/3。

臀鳍长/体长>1/2。

体长/体高=7.0~8.8。

3.4 健康状况

体质健壮，无疾病，无畸形、损伤，体色一致。

4 繁殖年龄与体重

4.1 繁殖年龄

见附表 1-5。

附表 1-5 繁殖年龄

性别＼繁殖年龄	宜繁殖年龄（足龄）	淘汰年龄（足龄）
雌（♀）	1~3	4
雄（♂）	1~4	5

注：主要依据脊椎骨切片上的年轮数确定。

4.2 繁殖体重

繁殖亲鱼的体重应在 350 克以上，体重以 500~2 000 克为佳。

四、革胡子鲇养殖技术规范 人工繁殖技术

(SC/T 1029.2—1999)

1 范围

本标准规定了革胡子鲇亲鱼培育，繁殖亲鱼选择、催产以及孵化管理的技术要求。本标准适用于革胡子鲇的人工繁殖。

2 引用标准

下列标准所包含的条文，通过在本标准中引用而构成为本标准的条文。本标准出版时，所示版本均为有效。所有标准都会被修

订，使用本标准的各方应探讨使用下列标准最新版本的可能性。

GB 11607—1989 渔业水质标准

SC 1011—1984 鱼用绒毛膜促性腺激素（原 SC 125—1984）

SC 1012—1984 鱼用促黄体素释放激素类似物（LRH-A）（原 SC 126—1984）

SC/T 1013—1988 黏性鱼卵脱黏孵化技术要求（原 GB 9957—1988）

SC/T 1029.1—1999 革胡子鲇养殖技术规范 亲鱼

SC/T 1029.6—1999 革胡子鲇养殖技术规范 越冬保种技术

3 亲鱼培育

3.1 培育池

亲鱼培育池一般为土池或水泥池，靠近水源，排灌方便。土池面积以 100～300 米^2 为宜，水泥池 20～100 米^2。池底平坦，稍向出水口倾斜，便于排干池水。池水深为 1.0～1.5 米，池埂高出水面 30 厘米以上，进出水口应设拦防逃。

庭院养殖革胡子鲇，亲鱼培育池面积应在 10 米^2 以上。

3.2 亲鱼放养

土池放养量一般为 0.38～0.45 千克/米^2，水泥池为 2～5 千克/米^2，雌雄亲鱼宜分开饲养。如当其混养时，在产卵季节前应预先分离。

3.3 饲养管理

培育池水质应符合 GB 11607 的规定。此外，水体透明度应为 20～30 厘米，水色呈绿褐色为好。

3.3.1 越冬亲鱼饲养管理按 SC/T 1029.6 的规定执行。

3.3.2 亲鱼饲料有鲜活的动物性饲料，粗蛋白质含量在 30%以上的营养全面的配合饲料，或含动、植物混合饲料，其中动物性饲料占 1/2 以上。按“四定”投饲，日投饲量为鱼体重的 4%～7%，每次投喂后以 2～3 小时内吃完为度。一般每天投喂 2 次（每日 07：00—09：00、16：00—18：00 各投 1 次）。

3.3.3 产前亲鱼应强化培育，当池塘水温回升并稳定在 20℃以上时，将亲鱼转移至已清塘的亲鱼培育池饲养，投喂足量、营养全面的饲料，并定时加注新水，一般要求每周加注新水1～2 次。

3.3.4 产后亲鱼应精心护理与培育，产后亲鱼及时转入水质清新的池中培育，投喂足量、营养全面的饲料，并定时冲水刺激，可缩短产卵周期。

4 繁殖亲鱼的选择

4.1 外部形态

繁殖用亲鱼形态应符合 SC/T 1029.1 的规定，色泽正常，肥满度适中，性腺发育良好（性成熟特征见 4.4），

4.2 年龄与体重

繁殖亲鱼的年龄与体重应符合 SC/T 1029.1 的规定。

4.3 雌雄亲鱼的配比依产卵受精方式而定。

4.3.1 自然产卵受精：雌、雄鱼比例为 1∶（1.2～1.5）。

4.3.2 人工采卵授精：雌、雄鱼比例为（3～4）∶1。

4.4 性成熟特征

雄鱼：体色较深，体表黏液较少，用手轻触有粗糙感，挤压腹部时精液不易挤出。

雌鱼：腹部丰满膨大，两侧卵巢轮廓明显，手触摸松软，有弹性；泄殖孔略开，充血微红；挤压腹部有透明、呈黄绿色卵粒流出，卵粒相互分离，饱满整齐。

5 催产

5.1 产卵池

圆形锅底状水泥池或长方形水泥池（池底向一端倾斜），池深 60～80 厘米，水深 20～40 厘米，每个池面积为 5～10 米^2（依产量而定）。

5.2 催产药物剂量的注射方式

5.2.1 催产药物种类有鲤脑垂体（PG）、鱼用绒毛膜促性腺激素

(CG)、鱼用促黄体素释放激素类似物（$LRH-A_2$）和地欧酮(DOM)，CG应符合SC 1011的规定，$LRH-A_2$ 应符合SC 1012的规定。

5.2.2 催产药物的用法和剂量可按以下4种方法单独或混合使用。催产剂量以亲鱼每千克体重的需要量表示。雌鱼的催产剂量为：

PG 4～6毫克/千克（鱼体重）。

CG 3 000～3 500国际单位/千克（鱼体重）。

（CG 1 500～2 000国际单位+PG 2～3毫克）/千克(鱼体重)。

（LRH-A，50～100微克+DOM 5毫克）/千克（鱼体重）。

雄鱼的催产剂量为雌鱼催产剂量的50%～70%。

5.2.3 注射方式 雌鱼采用2次注射或1次注射。如在催产初期和晚期采用2次注射。如在催产盛期为1次注射。采用2次注射时第一针为总剂量的1/5～1/3，间隔7～10小时，再注射全部余量。雄鱼则在雌鱼第二次注射时1次注射。

5.3 效应时间 催产水温在20～30℃时，效应时间为10～24小时，效应时间随水温升高而缩短。

5.4 采卵与受精

5.4.1 群体产卵，自然受精

产卵池中放亲鱼2～3对/米^2，并放有经洗净、消毒的水葫芦、网片、棕片或柳树根等做鱼巢，让其自然产卵受精，受精卵留在原池孵化，当黏附受精卵较多时，将鱼巢移至孵化池孵化。

5.4.2 人工采卵与授精将催产后的雌雄亲鱼分别放入不同产卵池或相邻两个网箱中，待亲鱼发情适度时，进行人工授精。

5.4.2.1 采精

用左手握紧雄亲鱼头部，并用食指、中指抠住胸鳍基部，右手执剪插入泄殖孔剪开腹壁，拨开内脏，暴露出玉白色精巢，用干净毛巾擦去血污备用，待挤卵即将完毕，把所需的精巢置于研钵中，用尖头剪刀迅速剪碎，加入0.6%生理盐水2～3毫升，均匀稀释即得精巢液。剖腹前也可先用钢针破坏其延脑，便于采精。

5.4.2.2 采卵与授精

使雌亲鱼头朝上，腹朝下，用干毛巾擦去体表水珠，将泄殖孔对准事先准备好洁净的采卵用的盛卵器，由上向下沿亲鱼腹部两侧挤压，卵从泄殖孔流入盛卵器内，挤压时用力均匀，动作要快。待卵挤入盛卵器后，迅速将精巢液倒入此盛卵器，加入鱼卵体积3～4倍的0.6%生理盐水，搅拌均匀，让其充分受精，静置0.5～1.0分钟，加入清水冲洗2～3次，除去血污和精巢碎块。将受精卵用网片、棕片、柳树根等鱼巢黏附，悬挂在孵化池中孵化，也可按SC/T 1013的规定进行脱黏孵化。

6 孵化

6.1 孵化用水

应符合GB 11607的规定,水质清新,充分曝气,并有过滤设施。

6.2 孵化水温与孵出时间

孵化的最适水温为24～28℃，孵化水温下限为18℃，上限为35℃。其水温与孵化时间关系见附表1-6。

附表1-6　孵化水温与孵出时间

水温（℃）	20～21	23～25	25～26	27～30
孵化时间（h）	36～37	28～30	22～25	21～22

6.3 孵化方法

6.3.1 孵化池孵化

孵化池为水泥池，长2～3米，宽1.0～1.5米，深0.4米，设进排水口，集鱼坑在排水口一端，将黏有受精卵鱼巢放入孵化池中，其密度视水体条件而定，静水孵化为2×10^4～3×10^4粒/米^2，微流水则为3×10^4～5×10^4粒/米^2。注换水时水的温差不超过30℃。

6.3.2 网箱孵化

网箱用60～70目尼龙筛绢或蚕丝筛绢制成，规格为长1.0～1.2米，宽0.4～0.8米，高0.3～0.5米，将四角用绳系于木制框架上，保持箱底与四周网片平直，充分张开，置网箱于水质清新湖泊、水库或池塘中，网箱底部入水 10～15 厘米，置粘有受精卵的鱼巢或脱黏卵进行孵化。也可把受精卵直接黏附在底网上，放卵密度 4～5 粒/米^2，每箱放卵 2×10^4～2.5×10^4粒。勤洗网箱四壁。

6.3.3 筛绢孵化

用 32～40 目尼龙或蚕丝筛绢制成，规格为 40 厘米 × 50 厘米或 40 厘米× 60 厘米，用 8～10 号铁丝做框，

将受精卵黏附在筛绢上，可单面、双面铺卵，铺卵均匀，放卵密度 10～15 粒/厘米^2，每片 2×10^4～3×10^4粒。将网片直接斜挂在培苗池中，单面铺卵则使粘有卵的一面朝下，浸于池水中，培苗池水深 40～50 厘米。一般每平方米放 1～2 片。

6.3.4 淋水孵化

待鱼苗孵出后，将筛绢片连同黏附卵膜移走。在通风室内搭架，鱼巢均匀悬挂架上，或架上设竹帘，将粘卵鱼巢平铺在竹帘上，经常用水壶淋水，保持湿润，控制室温 22～30℃，当胚胎发育至发眼期时，及时将鱼巢移至孵化池、网箱或培苗池继续孵化至出苗。在孵化过程中防止阳光直射。

6.3.5 孵化桶孵化

用脱黏卵进行孵化，容水量每桶 100～200 升，可装卵 1.5×10^5～2.0×10^5粒，孵化中注意调节水流，不能停水，水流适当，以维持卵和出膜苗在水中不断翻滚，不至于沉底，又不紧贴过滤罩为度。应勤洗过滤罩。

五、革胡子鲇养殖技术规范　鱼苗鱼种培育技术

（SC/T 1029.3—1999）

1　范围

本标准规定了革胡子鲇鱼苗、鱼种培育条件、苗种放养和饲养管理等技术要求。本标准适用于革胡子鲇鱼苗、鱼种的培育，其他胡子鲇鱼苗、鱼种培育也可参照执行。

2 引用标准

下列标准所包含的条文，通过在本标准中引用而构成为本标准的条文。本标准出版时，所示版本均为有效。所有标准都会被修订，使用本标准的各方应探讨使用下列标准最新版本的可能性。

SC/T 1008—1994 池塘常规培育鱼苗鱼种技术规范。

3 定义

3.1 二级培育

将开口摄食仔鱼在培育池培育至全长 1.5 厘米左右，然后分池继续培育至全长 3 厘米左右规格的鱼种。

3.2 一级培育

将开口摄食的仔鱼在培育池中直接培育至全长 3 厘米左右规格的鱼种。

3.3 一体化水泥池培育

指将水泥池修建成与注水、供饵、排水捕苗连成一体的鱼苗培育池。培育池设进水管与配套的肥水管、清水管相连接和设收苗池。

4 培育池（包括网箱）条件

环境条件应符合 SC/T 1008 的规定。其中：

采用池塘培育鱼苗时，池塘面积为 200～300 米^2，水深 0.5 米左右，池的四周留有水深 0.2～0.3 米的浅水区。

采用池塘培育鱼种时，池塘面积为 300～600 米^2，水深 1.0～1.5 米，池底硬质平坦，无洞穴，池底向出水口倾斜。

采用水泥池培育鱼苗时，水泥池面积为 4～40 米^2，水深 0.5～0.6 米，长方形池，设有进排水口、溢水口、集苗口、池底向一端倾斜，池上设遮阳棚或池中投放适量水葫芦等水生生物遮阳。

采用一体化水泥池培育鱼苗时，水泥池面积为 50～100 米^2，水深 0.6～0.9 米，长方形池。池底长边向一端倾斜，坡度为 1%～2%，短边向中央倾斜，坡度 1%～2%米^2 的深水端设溢水口、排水阀和收苗池（面积 1.0 米×1.5 米）。池的浅水端设进水口，由进水管分别与清水池和肥水池相通。进水口处设过滤器（由密网组成）。

采用网箱培育鱼苗时，网箱由尼龙或蚕丝筛绢制成，为长方形或正方形敞口网箱。早期鱼苗饲养，每个网箱网目 40～60 目，面积 2～3 米^2；后期鱼苗饲养，每个网箱面积为 5～10 米^2，可用较大网目的网箱。网箱架设在水质好、管理方便的水池、河流、湖泊中，水深随鱼苗长大而调整，至后期水深为 0.6 米左右。

5 苗种放养

5.1 放养前的准备

按 SC/T 1008 的规定执行。

5.2 鱼苗放养

一般采用二级培育，投放鱼苗应规格一致，一次放足，各种培育方式的放养密度见附表 1-7。也可采用一级培育。

附表 1-7 放养密度

培育方式	分级	放养密度（尾/米^2）
池塘培育	第一级	300
	第二级	150
水泥池培育	第一级	5 000～10 000
	第二级	1 000～2 000
一体化培育	第一级	5 000
	第二级	800～1 000
网箱培育	第一级	10 000～20 000
	第二级	1000～1 500

5.3 鱼种培育

鱼种培育，指将 3 厘米左右规格的鱼种培育至 10～25 厘米的大规格鱼种。

一般采用池塘培育，放养的鱼种应用 1.5%～2.0%食盐水或

20～30毫升/米^{3}的甲醛水溶液浸洗10～30分钟，并除去劣质鱼种。放养密度一般为200～250尾/米^2。若水体条件差，则适当降低密度。

6　饲养管理

6.1　施肥、投饲

对于池塘培育鱼苗，前期应以施肥为主，肥料的种类、数量和施肥方法按SC/T 1008的规定执行。

后期为追肥与投饲结合，及时迫肥，追肥同时根据饵料生物状况和鱼苗摄食生长及时投饲。人工饲料有鱼肉浆、鱼粉以及玉米粉等，混合投喂。如能投喂红虫、水蚯蚓等活饵更好。池塘培育鱼种前期利用天然饵料，每天投饲1次，以后逐渐增加投饲量除活饵外，每天上午、下午各投喂1次，投绞碎的野杂鱼虾、鱼粉、畜禽内脏、豆饼、麦麸、玉米粉及人工配合饲料，配合饲料中粗蛋白质含量37%左右。投饲量视水温、天气、苗种大小灵活掌握。对于水泥池和网箱培育鱼苗、鱼种，应以投喂动物性饲料或人工配合饲料为主，动物性饲料有丰年虫无节幼体、浮游动物、水蚯蚓等，随鱼苗长大可投摇蚊幼虫、蝇蛆等天然动物性饲料和鱼肉浆、动物肝浆或人工配合饲料，日投饲量为鱼体重的10%～20%，每天投喂2次，上午、下午各1次。

6.2　日常管理

按SC/T 1008的规定执行，对于网箱培育鱼苗鱼种，及时投饲，每天上午应清洗网箱1次，仔细检查，发现破损及时修补。应防风暴等影响，搞好防逃工作，同时要预防敌害生物的危害和防治鱼病，并适时调整饲养密度。

六、革胡子鲇养殖技术规范　鱼苗鱼种质量要求

(SC/T 1029.4—1999)

1　范围

本标准规定了革胡子鲇鱼苗、鱼种的质量要求和检验方法。

本标准适用于革胡子鲇鱼苗、鱼种的质量评定。

2 引用标准

下列标准所包含的条文，通过在本标准中引用而构成为本标准的条文。本标准出版时，所示版本均为有效。所有标准都会被修订，使用本标准的各方应探讨使用下列标准最新版本的可能性。

SC/T 1029.1—1999 革胡子鲇养殖技术规范 亲鱼。

3 术语

3.1 鱼苗

卵黄囊基本消失、鳔充气，能平游和主动摄食阶段的仔鱼。

3.2 鱼种

鱼苗生长发育至鳍条长全，外观已具有成鱼基本特征的稚鱼、幼鱼。

4 鱼种来源

4.1 鱼苗

由符合 SC/T 1029.1 规定的亲鱼人工繁殖或从国外原产地引进。

4.2 鱼种

池塘培育或其他方式培育的鱼种。

5 鱼苗质量

5.1 外观

5.1.1 肉眼观察 95%以上的鱼苗，应符合 3.1 条的规定。且鱼体黑色，色泽正常。

5.1.2 游动自如，行动活泼，在容器中轻微搅动水体，90%以上鱼苗有逆水能力。

5.2 可数与可量指标

5.2.1 可数指标：畸形率小于 3%，伤病率小于 1%。

5.2.2 可量指标：95%以上的鱼苗全长应达到 0.5 厘米。

6 鱼种质量

6.1 外观

6.1.1 体形正常，鳍条完整。

6.1.2 体表光滑、黏液丰富，色泽正常，游动活泼。

6.2 可数与可量指标

按 SC/T 1029.4—1999 的规定执行。

6.2.1 可数指标：畸形率小于 1%，带病率小于 1%，损伤率小于 1%。

6.2.2 可量指标:各种规格(全长)的鱼种质量应符合附表1-8的规定。

附表 1-8 各种规格（全长）的鱼种质量

全长（厘米）	体重（克）	每千克总尾数(尾)	全长（厘米）	体重（克）	每千克总尾数(尾)	全长（厘米）	体重（克）	每千克总尾数(尾)
1.7	0.04	25 000	9.0	4.67	214	16.3	24.81	40
2.0	0.07	14 286	9.3	5.12	195	16.7	26.56	38
2.3	0.10	10 000	9.7	5.76	174	17.0	27.92	36
2.7	0.16	6 250	10.0	6.28	159	17.3	29.33	34
3.0	0.21	4 762	10.3	6.82	147	17.7	31.28	32
3.3	0.28	3 571	10.7	7.59	132	18.0	32.80	30
3.7	0.38	2 632	11.0	8.21	122	18.3	34.36	29
4.0	0.48	2 083	11.3	8.85	113	18.7	36.51	27
4.3	0.58	1 724	11.7	9.76	103	19.0	38.18	26
4.7	0.75	1 333	12.0	10.48	95	19.3	39.91	25
5.0	0.89	1 124	12.3	11.23	89	19.7	42.28	24
5.3	1.05	952	12.7	12.29	81	20.0	44.11	23
5.7	1.29	775	13.0	13.13	76	20.3	46.00	22
6.0	1.49	671	13.3	14.00	71	20.7	48.60	21
6.3	1.71	585	13.7	15.22	66	21.0	50.60	20
6.7	2.03	493	14.0	16.17	62	21.3	52.66	19
7.0	2.30	435	14.3	17.17	58	21.7	55.49	18
7.3	2.59	386	14.7	18.55	54	22.0	57.68	17
7.7	3.01	332	15.0	19.64	51	22.3	59.92	17
8.0	3.35	299	15.3	20.76	48	22.7	62.99	16
8.3	3.72	269	15.7	22.32	45	23.0	65.36	15
8.7	4.24	236	16.0	23.55	43	23.3	67.79	15

6.2.3 越冬鱼种的标准体重：南方应达到表列数值的 90%以上；北方应达到 85%以上。

6.3 检疫

不带有传染病的个体。

7 检验方法

7.1 取样每批鱼苗、鱼种随机取样应在 100 尾以上；鱼种可量指标测量每批在 30 尾以上。

7.2 全长测量

用标准量具逐尾量取吻端至尾鳍末端的直线长度。

7.3 称量

样品取出后应暂养半日，再逐尾吸去鱼体表水分，称重。

7.4 损伤率

用肉眼观察计数。

7.5 疾病

暂按鱼病常规诊断方法检验。

七、革胡子鲇养殖技术规范　食用商品鱼饲养技术（SC/T 1029.5—1999）

1 范围

本标准规定了革胡子鲇食用商品鱼饲养方式、环境条件、放养密度以及饲养管理的技术要求。

本标准适用于革胡子鲇食用商品鱼的饲养，其他胡子鲇食用商品鱼的饲养也可参照执行。

2 引用标准

下列标准所包含的条文，通过在本标准中引用而构成为本标准的条文。本标准出版时，所示版本均为有效。所有标准都会被修订，使用本标准的各方应探讨使用下列标准最新版本的可能性。

GB 11607—1989 渔业水质标准。

SC/T 1008—1994 池塘常规培育鱼苗鱼种技术规范。

SC/T 1009—1994 稻田养鱼技术要求。

SC/T 1029.4—1999 革胡子鲇养殖技术规范　鱼苗鱼种质量要求。

3　饲养方式

食用商品鱼饲养方式有：池塘主养、池塘套养，水泥池、坑凼单养，以及稻、藕田套养。

4　环境条件

4.1　池塘条件

面积一般 300～3 000米^2，水深 1.0～1.5 米，池埂无渗漏，高出水面 40 厘米以上，底质硬实少淤泥，注、排水方便，有防逃设施。水质应符合 GB 11607 的规定，夏季池中投放水葫芦等漂浮植物供革胡子鲇遮阳，所占面积不宜超过池塘水面的 1/3。

4.2　水泥池、坑凼条件

可建在房屋前后、近水源处，长方形，每个面积 10～200 米^2，进排水方便，不渗漏，水深 0.8～1.2 米为宜，池壁高出水面 30 厘米以上，池底向一端倾斜，两短边向中央倾斜，并有防逃设施。也可建在室内，室外则搭盖瓜果架或遮阳棚，或在池中投放水葫芦等漂浮植物遮阳。水源的水质应符合 GB 11607 的规定。

4.3　稻、藕田条件

田埂应高出水面 30～40 厘米，其水田条件应按 SC/T 1009 的规定执行，并开挖鱼沟、鱼溜。

5　鱼种放养

5.1　放养前准备

5.1.1　池塘、坑凼、水田的清整、消毒、施肥、试水应符合SC/T 1008

的规定。

5.1.2 放养时间应掌握在水温稳定 18℃以上。

5.1.3 鱼种质量应符合 SC/T 1029.4 的要求。同池规格整齐，一次放足。

5.1.4 在放养时鱼种消毒，用 2%～3%食盐水浸泡 5～10 分钟，或浓度为 30～40 毫升/米^3 甲醛水溶液，浸泡 10～15 分钟。

5.2 放养密度

视水体条件、鱼种规格、饲料供应而定。池塘主养：放养小规格鱼种，一般密度为 20～30 尾/米^2；放养大规格鱼种，一般密度为 5～10 尾/米^2，不宜套养乌鳢、鳜、大口鲇等凶猛性鱼类，也不宜套养其他夏花鱼种。池塘套养：鱼种规格应小于主养鱼规格的一半。一般放养全长 5～10 厘米的鱼种，套养密度为1 200～1 500 尾/米^2。水泥池、坑凼主养的放养密度为 25～30 尾/米^2。水源充足的流水池放养密度为 60～100 尾/米^2。稻、藕田套养：投放规格 5 厘米以上的革胡子鲇鱼种，放养密度为 20～30 尾/米^2，还可搭配 5%～10%的大规格草鱼种。

6 饲养管理

6.1 投饲

按“四定”原则投饲，以动、植物饲料混合投喂或投配合饲料，鱼种入池后的前 1 个月多投活饵和含动物性饲料比例高的混合饲料，以后投配合饲料或多投植物性比例较高混合饲料或投喂经消毒处理或蒸煮的死亡鱼虾、禽畜下脚料、蝇蛆、腐烂动物尸体等动物性饲料。配合饲料要求含蛋白质 30%以上；日投饲量占鱼体重5%～10%，投饲次数，水温低时每天 1 次（16：00—17：00 时投喂），水温高则每天2次（07：00—08：00、17：00—18：00 各 1 次）；投饲应设食台。饲料应充足，均匀投喂。

6.2 日常管理

稻田饲养革胡子鲇管理应符合 SC/T 1009 的规定。池塘、水泥池、坑凼饲养日常管理水质应保持良好，应巡塘观察鱼类活动摄食情况，发现问题及时处理。经常清除残饵，及时排去老水，加注新水，夏季每半个月每 667 米^2 用生石灰 225～300 千克化浆泼洒，还应注意防病、防逃、防害。并做好鱼池日志。

附录二 优秀企业介绍

1. 通威股份有限公司

通威股份有限公司是由通威集团控股，以饲料工业为主，同时涉足鱼类基因工程研究、生物科技、动物重大疫病防治关键技术研究和肉制品加工等相关领域的大型科技型上市公司（股票代码：600438），是农业产业化国家重点龙头企业。现拥有遍布全国各地及东南亚地区的80余家分、子公司（附图2-1）。该公司生产水产、畜、禽饲料及特种饲料近500个品种，年饲料生产能力达600万吨，是全球最大的水产饲料生产企业及主要的畜禽饲料生产企业，其中水产饲料全国市场占有率已达到25%左右，连续20年位居全国第一。

附图2-1 通威股份有限公司大楼

通威股份有限公司拥有国家认定企业技术中心、国家认定检测中心、四川省科学技术厅认定四川省水产工程技术研究中心。通威股份国家级技术中心下设8大科技研究单位和5个研究基地及2个水产原（良）种繁育场。同国内外科研院所建立产学研合作关系，充分整合和利用行业资源。近年来，通威股份已申请发明专利35

项、实用新型专利 24 项、外观设计专利 13 项，发表论文 300 多篇。每年开展动物营养与饲料、食品加工、疾病防治、生产工艺和养殖等科研项目数十项。

通威股份有限公司从 20 世纪 90 年代就已开始开发南方鲇饲料，到现在南方鲇浮性饲料配制及生产技术已日臻成熟，被评为“2008 中国饲料重大科技进步奖”。

该公司通过科技部星火计划项目“绿色浮性饲料养殖南方鲇配套技术开发与应用”的实施，成功开发了南方鲇高效养殖的配套集成技术，总结了一套先进的养殖模式，研究成果被四川省科学技术厅鉴定为“国内领先水平”，被评为“2010 年成都市科技进步一等奖”。

针对南方鲇养殖中溃疡病害严重甚至威胁到产业生存之际，通威股份集中优势技术力量，展开科技攻关，成功开发出南方鲇溃疡病疫苗，投放使用，有效遏制了病害发展势头，促进了南方鲇养殖的健康持续发展。

目前，通威股份有限公司设立了专门的食品事业部，下辖淄博食品、新太丰食品、春源食品、海南水产食品公司和成都水产食品公司等分公司。生产的“通威金卡猪”“通威鸭”和“通威鱼”等高端系列深加工产品畅销全国各大城市并出口欧美。通威“美鮰鱼”系列产品的上市为南方鲇鱼片加工提供了宝贵的经验。

2. 四川省内江市资中县球溪河三江鲇鱼渔业农民专业合作社

四川省资中县球溪河三江鲇鱼渔业农民专业合作社于 2006 年开始筹备，在各级政府和相关部门的支持下，特别是在省、市、县水产部门的关心帮助下，2007 年 8 月 29 日经资中县工商局登记注册正式成立，注册成员 8 名，注册资金1 098万元，是《中华人民共和国农民专业合作社法》颁布后，四川省第一家注册成立的渔业农民专业合作社，也是资中县第一家登记注册成立的农民专业合作社（附图 2-2）。经过 2 年多的努力，于 2010 年先后成立了龙结、发轮、顺河等 8 个分社，入社社员达到 216 户。该合作社下设球溪河张妈鲇鱼餐饮有限责任公司（餐饮连锁店 53 家）、球溪鲇鱼无公害养殖基地、资中球溪鲇鱼原良种场，养殖水面达 400 余公顷。

附图 2-2　资中县球溪河三江鲇鱼渔业农民专业合作社

该合作社自成立以来，在现代农业产业基地建设和农业产业化经营中充分发挥了农民专合组织带动农民发展现代农业、带动农民持续稳定增收的作用。该合作社以“专注农业，植根农村，服务农民，引领致富”为宗旨，经过不断努力，该合作社得到迅猛发展，被列入资中县 10 个新农村建设重点示范村之一；被认定为“四川省无公害水产品产地”；该合作社的“球溪河鲇鱼”“张妈鲇鱼＋图形牌”于 2012 年被认定为绿色食品 A 级产品。该合作社是四川省水产学校新农村建设对口扶持点，也是该校水产科研实习基地之一，先后被列为国家级无公害鲇鱼标准化示范区、全国鲇鱼示范养殖基地、全省农业产业化经营先进专业合作经济组织、省级示范农民专业合作经济组织，获得内江市先进集体等十几项殊荣。该合作社的“球溪张妈鲇鱼”餐饮店，获得全国绿色餐饮名店、四川省农产品知名品牌、川菜发展优秀企业、川菜名菜、四川餐饮名店、四川名特产、内江名菜等称号。该合作社水产品 2009 年进入西博会展示，“球溪生态鲇鱼”获得最畅销产品称号。

2013 年该合作社总收入3 392万元（其中餐饮经营产值1 400万元），实现净利润 453 万元，水产养殖成员户均收入 8.3 万元（纯收入 2.1 万元），人均收入 2.46 万元（纯收入6 000元）；直接带动周边农户1 047户、3 665人参与鲇类的规模化养殖，带动农户户均收入 2.5 万元，人均 0.5 万元。

3. 四川省成都市双流县永兴渔业养殖专业合作社

该合作社自 2007 年成立以来，已发展成员 260 户，带动成员和周边农户开展特色水产养殖，现已成为当地农业发展的主导产业（附图 2-3）。仅该合作社社员养殖大口鲇就达 200 余公顷，年产量 3 000吨，占据成都市场 60%份额，并远销云南和四川攀枝花、宜宾等地。该合作社由于组织机构健全，管理规范，标准化生产、产业化经营程度高，“六个统一”的诚信经营理念更为其发展提供了保障，即：统一鱼苗、统一饲料、统一渔药、统一技术标准、统一使用商标、统一销售，通过标准化生产保证产品的品质，产业化经营实现合作社广大社员的根本利益，先后荣获省、市、县三个级别示范合作社称号。2012 年 7 月，中国中央电视台军事・农业频道《科技苑》栏目专题报道了永兴渔业养殖专业合作社南方鲇养殖技术。

附图 2-3　成都市双流县永兴渔业养殖专业合作社

4. 四川省乐山市龙滩渔业专业合作社

该合作社于 2009 年 11 月在四川省乐山市市中区安谷镇成立，以名优鱼类培育、养殖、营销为特色，经过 3 年多的发展，如今已成为了四川最大的大口鲇鱼苗基地（附图 2-4）。据了解，目前该合作社占地 26.67 公顷，共计育苗大口鲇8 000多万尾，年产值达8 000多万元，纯收入近3 000多万元，带动当地农户年纯收入达 10 万元。

附图 2-4　乐山市龙滩渔业专业合作社

参考文献

艾庆辉，谢小军．2002. 南方鲇的营养学研究：饲料中大豆蛋白水平对生长的影响［J］．水生生物学报（1）：57-65.

褚新洛．1989. 我国鲇形目鱼类的地理分布［J］．动物学研究（3）：251-261.

冯健，彭淇，吴彬，等．2013. 南方鲇幼鱼日粮中适宜常量营养素需求量研究［J］：海洋与湖泊（4）：953-961.

付世建，谢小军，张文兵，等．2001. 南方鲇的营养学研究：Ⅲ饲料脂肪对蛋白质的节约效应［J］．水生生物学报（1）：39-47.

付世建，谢小军．2005. 饲料碳水化合物水平对南方鲇生长的影响［J］．水生生物学报（4）：30-37.

胡梦红，王有基，张收元，等．2007. 渔民知识讲座：我国十二种主要经济水产动物养殖指南（一）南方鲇［J］．北京水产（6）：45-48.

刘景香．2011. 怀头鲇的生物学特性及养殖技术［J］．黑龙江水产（4）：21-23.

刘文君．2009. 多瑙河六须鲇养殖技术［J］．齐鲁渔业（2）：44-45.

鲁伦文．2011. 溶氧对斑点叉尾鮰免疫机能及抗病能力的影响［J］．安徽农业科技（21）：12895-12899.

覃栋明．2005. 革胡子鲇的人工繁育和苗种培育技术［J］．渔业致富指南（19）：38-41.

汪留全，程云生．1990. 池养条件下革胡子鲇仔幼鱼摄食习性与生长的初步研究［J］．水产学报（2）：105-113.

王佳喜，吴琅虎，顾雷，等．1993. 多瑙河六须鲇的生物学及其养殖［J］．中国水产（3）：22-23.

王文彬，黄际朝．2010. 巴沙鱼养殖技术［J］．农家科技（4）：40.

王以尧，罗国强，张哲勇，等．2011. 投喂频率对循环水养殖系统氨氮浓度的影响［J］．渔业现代化（1）：7-11.

魏于生，吴遵霖，徐振，等．1996. 湄公河流域巴沙鱼生物学的研究［J］．淡水渔业（6）：25-26.

吴江，张泽芸．1996. 大口鲇的营养需要［J］．西南农业学报（3）：72-77.
吴垠，张洪，赵慧慧，等．2007. 在循环养殖系统中不同溶氧量对虹鳟幼鱼代谢水平的影响［J］．上海水产大学学报（5）：437-442.
许品诚，曹萃禾．1989. 溶氧、水流与鱼类生长关系的探讨［J］．淡水渔业（5）：27-28.

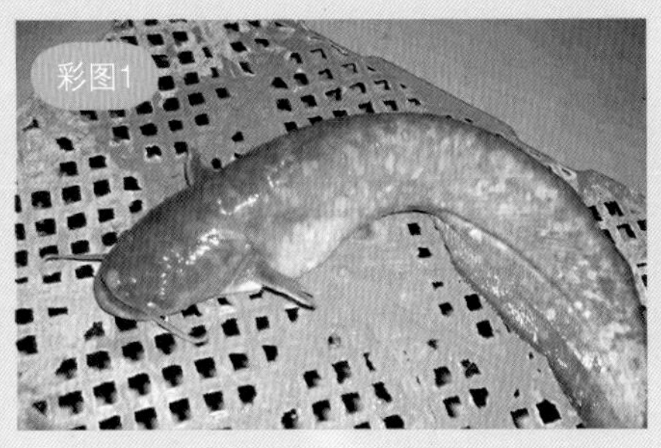

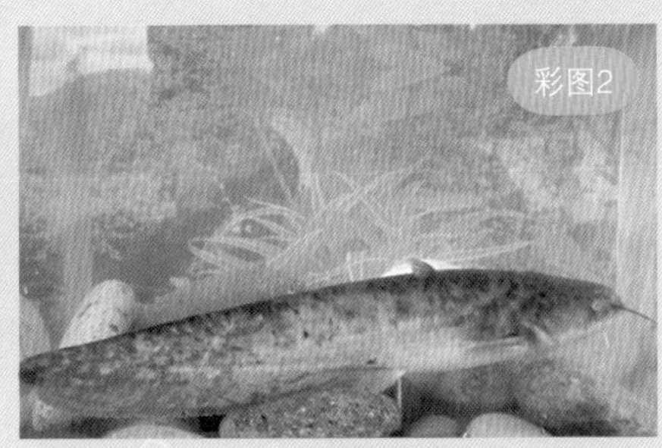

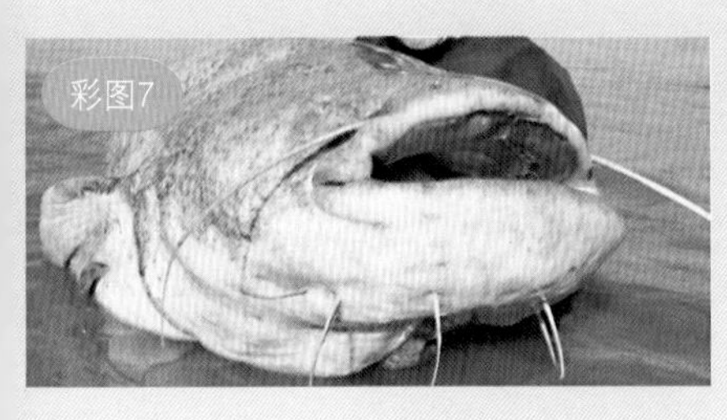

彩图1　鲇

彩图2　南方鲇

彩图3　革胡子鲇

彩图4　怀头鲇

彩图5　斑点叉尾鮰

彩图6　湄公河鲇

彩图7　欧洲六须鲇

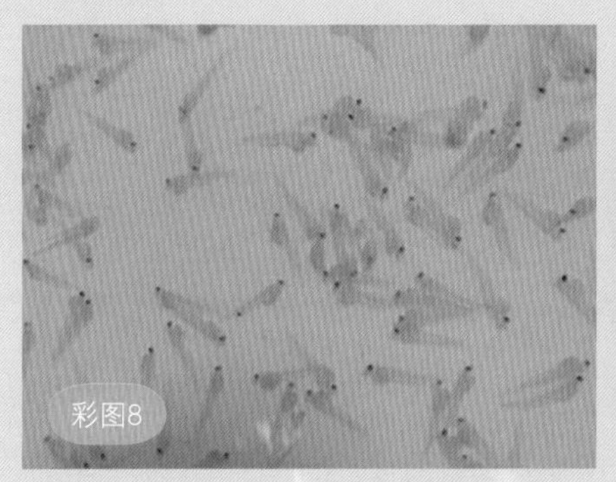

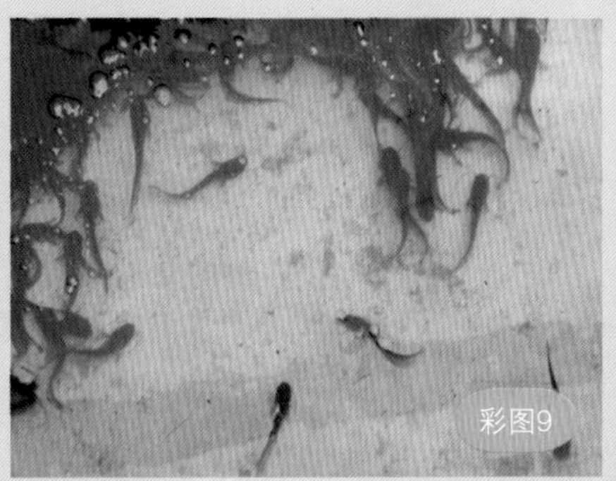

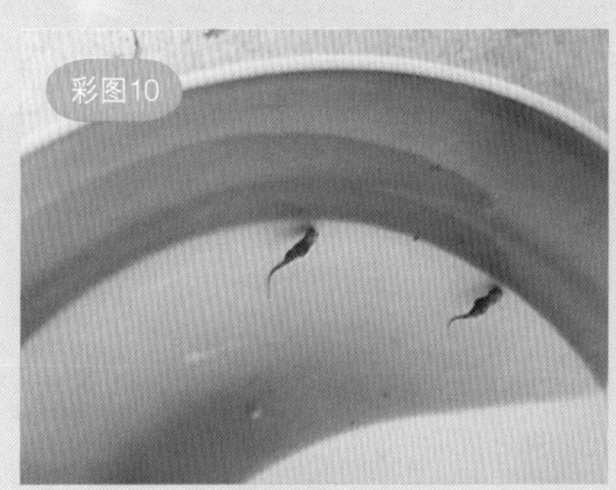

彩图8　出膜2小时仔鱼
彩图9　南方鲇苗种
彩图10　1.5厘米的鱼苗相互蚕食
彩图11　驯食成功的鱼苗
彩图12　革胡子鲇网箱养殖
彩图13　斑点叉尾鮰苗种

彩图 14 “品”字形鲇类养殖网箱
彩图15 鲇类工厂化循环水养殖系统
彩图16 稻鲇养殖模式
彩图17 粉状饲料
彩图18 硬颗粒饲料
彩图19 膨化饲料
彩图20 水蚤

彩图14

彩图15

彩图16

彩图17

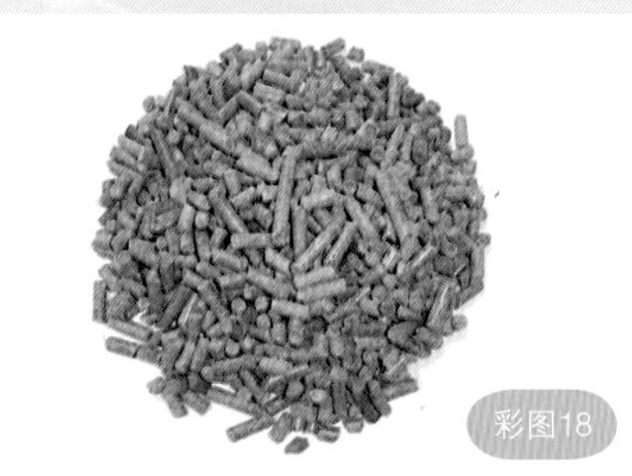
彩图18

彩图19

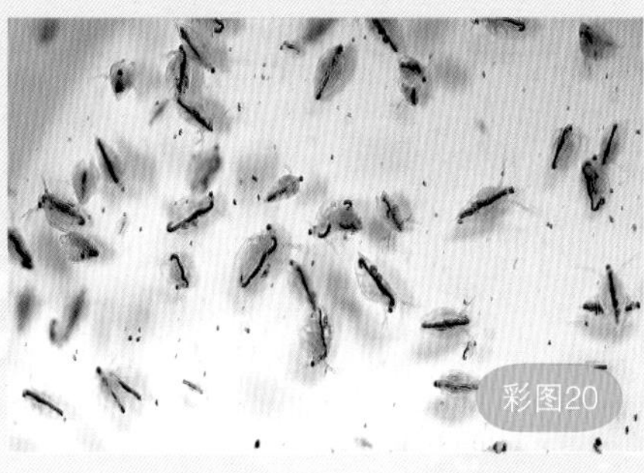
彩图20

彩图21　水蚯蚓

彩图22　蝇蛆

彩图23　黄粉虫

彩图24　浸浴给药

彩图25　遍洒给药

彩图26　挂袋给药

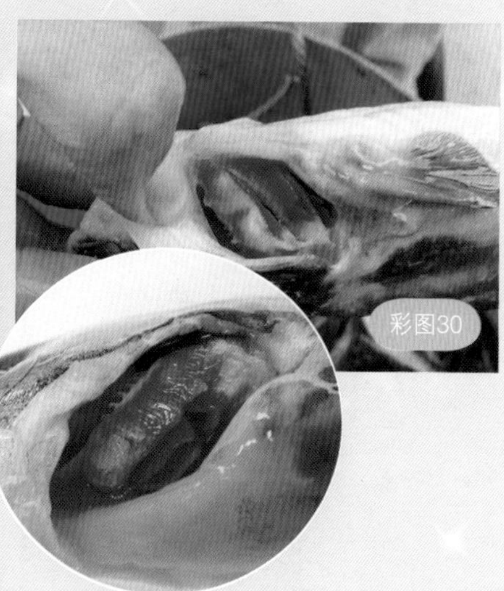

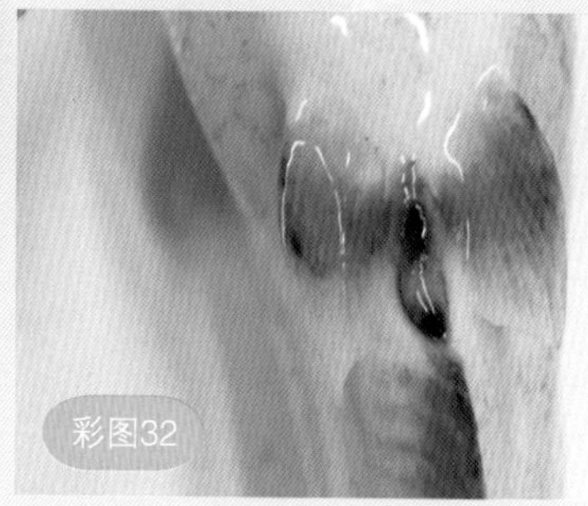

彩图27　病鱼的体表观察

彩图28　病鱼鳃的检查

彩图29　病鱼的解剖

彩图30　细菌性烂鳃病（示病鱼鳃丝坏死）

彩图31　细菌性败血症（示病鱼肝、脾、肾肿大）

彩图32　细菌性肠炎病（示病鱼肛门红肿）

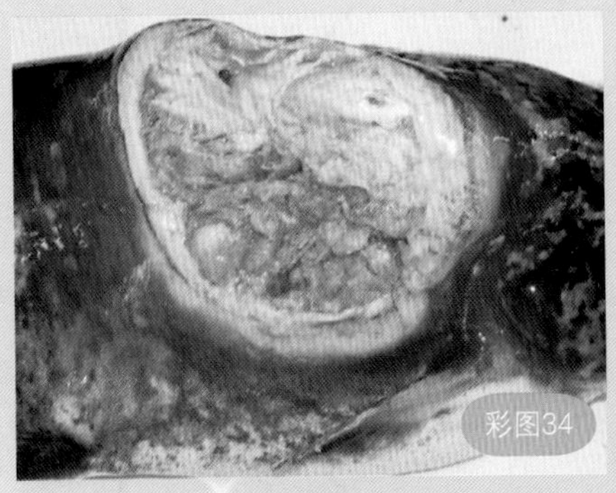

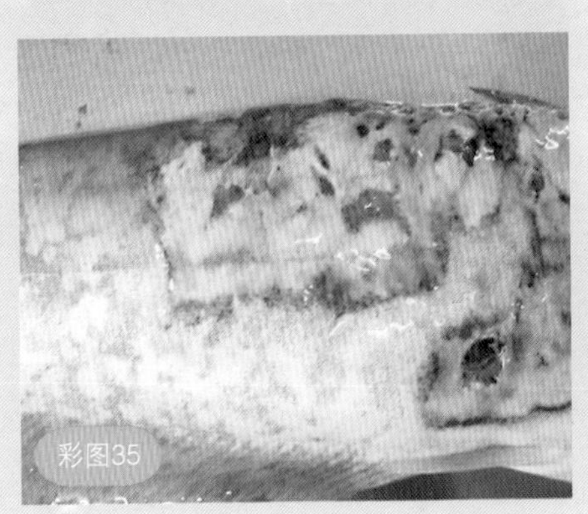

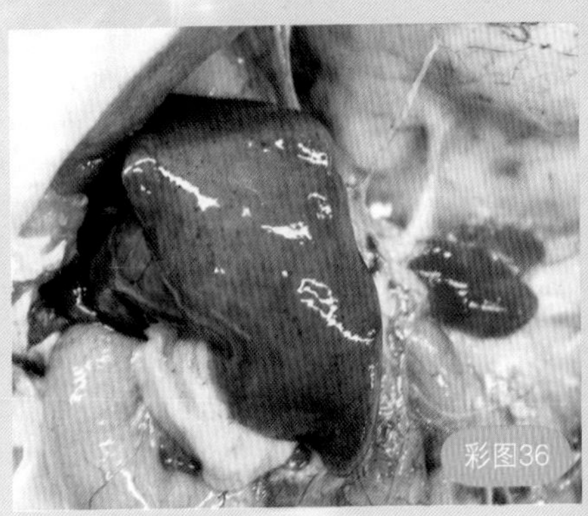

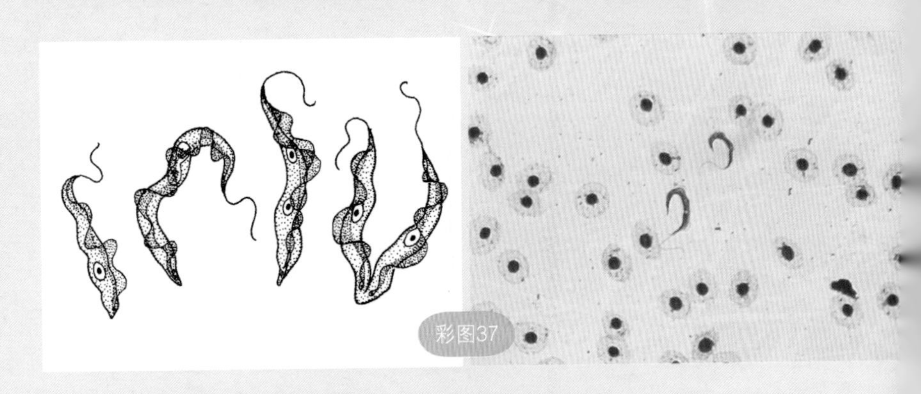

彩图33　体表溃疡病（示病鱼体侧形成的溃疡灶）
彩图34　体表溃疡病（示病鱼背部形成的溃疡灶）
彩图35　弧菌病（示病鱼体表出现的坏死和溃疡灶）
彩图36　弧菌病（示病鱼的肝肿大和点状出血）
彩图37　患病鱼血液中的锥体虫

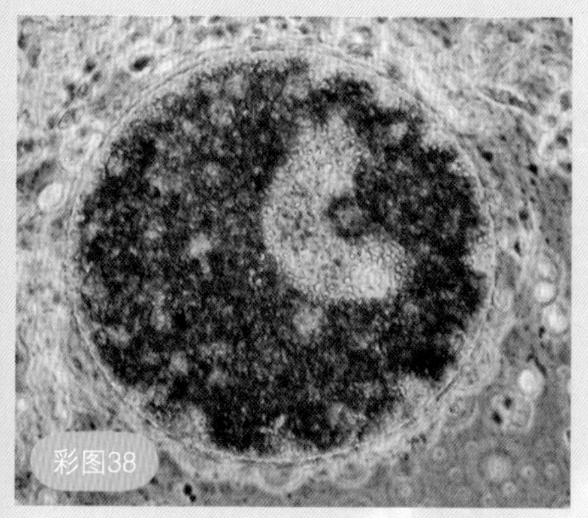

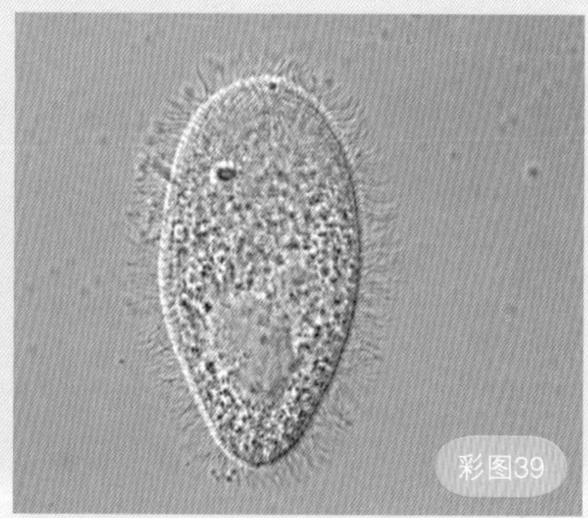

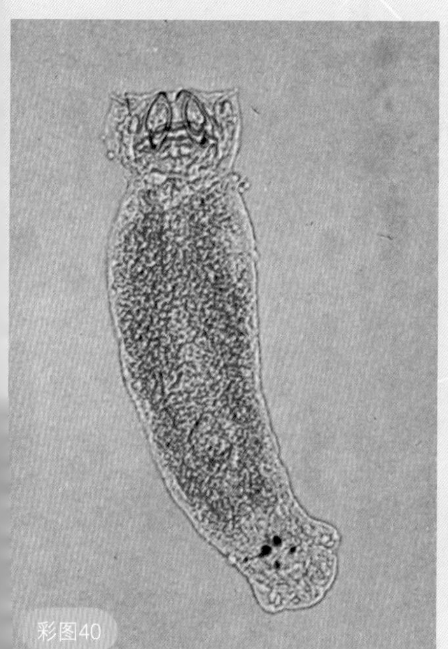

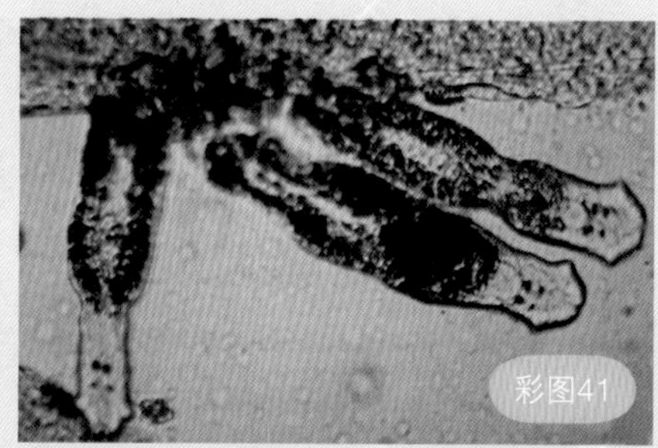

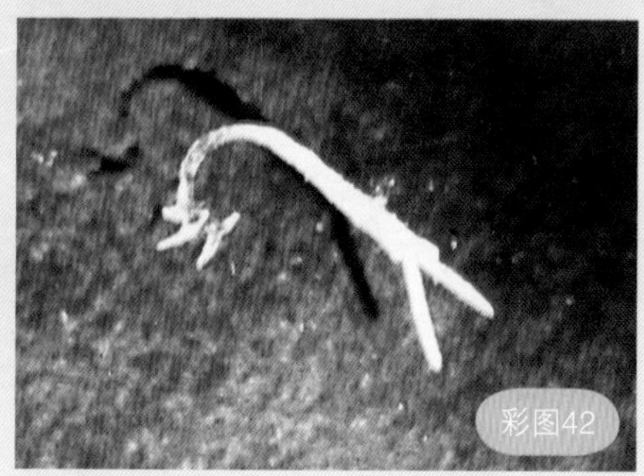

彩图38　小瓜虫成虫形态
彩图39　小瓜虫幼虫形态
彩图40　指环虫外部形态
彩图41　寄生在患病鱼鳃上的指环虫
彩图42　锚头鳋形态

彩图43　寄生于患病鱼口腔的锚头鳋
彩图44　南方鲇池塘养殖鱼菜共生模式
彩图45　四川省眉山市三面光池塘养殖南方鲇
彩图46　四川省乐山市南方鲇秋苗池塘养殖
彩图47　成都通威鱼有限公司的“净养”鱼池
彩图48　成都通威股份有限公司的鱼生态电化水处理设备